国家出版基金项目
NATIONAL PUBLICATION FOUNDATION

走进科学大门丛书

QI MIAO DE YUZHOU YI

奇妙的宇宙 一

——天文学的兴盛

胡中为　编著

人民教育出版社·北京
PEOPLE'S EDUCATION PRESS

图书在版编目（CIP）数据

奇妙的宇宙 . 一 , 天文学的兴盛 / 胡中为编著 . — 北京 : 人民教育出版社 , 2017.12(2020.12 重印)
（走进科学大门丛书）
ISBN 978–7–107–25809–1

Ⅰ . ①奇… Ⅱ . ①胡… Ⅲ . ①宇宙－普及读物 Ⅳ .① P159–49

中国版本图书馆 CIP 数据核字 (2017) 第 310624 号

奇妙的宇宙 一
—— 天文学的兴盛

胡中为　编著

出版发行	人民教育出版社

（北京市海淀区中关村南大街 17 号院 1 号楼　邮编：100081）

网　　址	http://www.pep.com.cn
经　　销	全国新华书店
印　　刷	北京盛通印刷股份有限公司
版　　次	2017 年 12 月第 1 版
印　　次	2020 年 12 月第 2 次印刷
开　　本	787 毫米 ×1 092 毫米　1/16
印　　张	13.25
字　　数	178 千字
定　　价	44.00 元

科学大门由此开启······

前　言

美好的星空梦

日月经天，斗转星移，星空灿烂，天象奇妙，令人叹赏，激发着无数人去探索其中蕴含的奥秘。

20世纪以来，科学技术向全世界广泛传播的步伐越发加快。因为天文概念和思想是普遍需求的，有着特殊魅力的天文学与民众感兴趣的基本问题形成共鸣，天文学的新发现和新成果也往往成为轰动社会的热门话题。所以，天文学尤其有潜力为提高民众的科学素养作出重要贡献。普及天文知识，有益于培养民众正确的宇宙观、认识论和方法论，促进形成崇尚科学、破除迷信的社会氛围，以及讲科学、爱科学、学科学、用科学的良好风尚。

现代科学技术推动着社会的发展进步，但烟尘污染和城镇亮化也成为观星的阻碍，致使夜空不见银河，可见的星辰屈指可数。不过，可以通过书刊、网络等媒体来间接知道更多的"天上事"。青少年成长时期，学习一些天文知识是大有裨益的，有益于激发他们探索创新的无穷动力和蓬勃活力。

笔者是童年失去父母的乡下人，在旧社会饥寒交迫的孤独时日，叔叔送了笔者一个土制望远镜。正是通过这个"玩具"，笔者由近及远，从观察树上花鸟，到瞭望远山宝塔，眼界渐开，尤其是把观望夜空里交相辉映的银河繁星当成趣事，梦中向往着那神秘的星球世界。1949年后，在国家的培养下，可以到学校学习科学知识了，也有机会考入大学天文学专业，继续探索星空的奥秘。但现实条件所限，笔者经历了很多坎坷和磨难。退休十多年来，笔者仍然难以摆脱那心中的星空梦，更想力所能及地发挥余热，让晚年生活更加有意义。而且生活安定了，时间也充裕了，可以"黑白颠倒"地读、写，在自己所学所研的基础上，发表一些文章，出版几本书。这样，也可以当当"义工"，把美好的星空梦传递给后来者。

去年春天，人民教育出版社约写青少年天文科普书籍，笔者欣然答应了，但真正着手写起来也颇有难处。过去虽然为《自然杂志》《科学》《百科全书》等写过一些文章，但主要是介绍天文学研究进展的长篇文章，内容较深。而且，目前青少年天文科普书，尤其是翻译的国外名著已相当多了。要使自己写的书做到既通俗、生动，又有先进的科学理论，图文并茂，确实比写教材难多了。经过试写以及和编辑交流，确定将本书定位于中高级科普图书，着重于介绍天文观测研究的一些基本知识和近年来的一些新成就。全套书共三册，分为九部分，各部分有若干条目，每个条目自成简明短文，配有图像。当然，对于小学到初中的学生，阅读本套书仍然难度很大，因为他们还缺乏数学、物理、天文的基础知识，但不妨看图识字，引起对天文知识的兴趣和求知意愿，也可以请家长和老师指导帮助阅读。对于高中程度的学生，尤其对理科有志趣的学生，可能会理解多些，希望可以将本套书作为喜欢的课外读物。对于家长、老师，尤其科普辅导员，本套书会比大学天文教材通俗易懂些，可以根据理解和发挥，讲述给青少年。

　　宇宙浩瀚，天体繁多，只能星海拾贝，选取一些有趣的和重要的。现在是知识爆炸时代，新的天文发现和研究成果纷至沓来，新书应当与时俱进。笔者深感学识不足，只有辛勤学习和调研消化，日夜逐条推敲琢磨，反复修改，把体会写出来献给青少年，期望有助于大家实现美好的星空梦，是所夙愿。当然，书中缺点和错误难免，欢迎读者批评指正。

胡中为

2017 年 5 月

目　录

一、什么是天文学

　　日月经天，斗转星移，星空灿烂，天象惊奇。天文学是认识宇宙的基础科学，从古至今总是走在时代前沿。入门扫视概览，熟悉量天尺与天文数字，让我们一起走进博大精深的宇宙世界。

1 什么是天体，恒星与行星有什么区别

　　什么是天体？通俗地说，天体就是地球大气以外的包括太阳、月球等所有的星辰，是宇宙各种物质客体的总称。古人直观感觉大多星辰好像镶嵌在一个巨大的天穹或天球上，它们组成特定的不变图形（如北斗七星），一起绕地球旋转，因而称它们为"恒星"；但是有五颗星（水星、金星、火星、木星、土星）常在恒星之间游动，称它们为"行星"。

图1.1-1　"伽利略"号探测器1992年拍摄的地月合影

　　天文学观测研究的主要对象是地球之外的自然天体，也包括人类研究制造而发射到太空的卫星和飞船等人造天体。从其他天体（如月

球）或飞船上看，地球也是天体。

不同于地球科学各学科（如地质学、地理学、气象学等），天文学是把地球作为一颗代表性行星和天文观测基地，用天文方法来研究地球的有关问题。例如，现代的天文观测研究表明，太阳、月球和星辰在天空的周日视运动就是地球自转的反映，太阳相对于星空众恒星的周年视运动就是地球绕太阳公转轨道运动的反映，月球相对于星空众恒星的每月循环视运动就是月球绕地球运转的反映。因而，需要更准确的观测资料来研究地球的自转和空间运动，从运动的规律来准确地测定时间和季节并编制历法。地球不是宇宙中的封闭系统，而是开放系统，它不断地受到宇宙环境的影响。例如，太阳供给地球光和热，地球上的能源归根结底来自太阳能；太阳的黑子和耀斑等活动造成地球的气候、磁场等变化；外来天体撞击地球可能造成严重灾难……这些问题形成了天文学和地球科学共同协作研究的边缘交叉学科。

现代的观测研究表明，恒星都是太阳一类的天体，是有内部热（原子）核反应能源的天体，能够发出很强的光和其他辐射，只是距离我们太遥远，看起来才呈现为亮点。因此说，恒星都是遥远的"太阳"。其实，恒星并不"恒"，而是有运动和变化的。就恒星的运动而言，只是因为它们太遥远，且运动角速度不够大，加之古代观测定位精度不够，肉眼在较短时期难于察觉它们的运动。就恒星的变化而言，大多数恒星的演变是极其缓慢的，肉眼在短时期难于察觉它们的亮度变化，只有少数称为"变星"的恒星有明显的亮度变化。因此，长期沿用不恰当的"恒星"之称。

不同于恒星，古代看到的五颗行星（金星、火星、木星、土星、水星）实际上都是像地球一样绕太阳公转的很近天体，肉眼就可以在数月内观测到它们相对于恒星的运动。它们都是自身没有热核反应能源的，主要是反射太阳光才被我们看见。我们用望远镜很容易看到行星的视面。有这样一个未经证实的传说：德国天文学家高斯曾经带他母亲用望远镜观察金星，他以为母亲看见金星呈月牙形一定会很惊奇，母亲却说，她早就用肉眼观察到了——显然她的视力分辨能力很好。有趣

图1.1-2 2002年4月下旬的傍晚，夜空可见"五星连珠"

的是，从2002年4月20日开始，每天傍晚日落后的西方天空，肉眼可以同时看见水星、金星、火星、土星、木星五颗行星，它们大致排成一条直线，呈现出"五星连珠"的天文奇观。其中，位于低空的太白金星最亮，次亮的是高空黄色的木星，金星上方约10°角距离的是红色的火星，再往上是黄色的土星，金星下方约10°角距离、最近地平的是水星，它因受地球大气消光的影响而显得相当暗。它们都相对于恒星游动，它们之间的相对位置也在改变，到5月8日，它们的位置更加靠近，水星、金星、火星、土星聚集在角距离不到10°的范围内，而木星与水星的角距离约34°。更有趣的是，1962年2月5日恰是春节，那天发生日食，且五颗行星"地心会聚"，可谓"日月合璧，五星连珠，七曜同宫"。据测算，下一次"五星连珠"将发生在2040年9月8日。

2 天文学是怎样产生的，古代天文仪器——日晷与圭表

天文学在人类早期文明中占有非常重要的地位。古时候，人们日出而作、日落而息，"观乎天文，以察时变"，从太阳周而复始的东升西落运动的昼夜循环规律形成"日"，即"天"的基本时间单位，从月亮圆缺的循环变化规律形成"月"的时间概念，从夜空星辰的循环变化规律形成"年"的时间概念。但是，这三种不同长度的时间单位并不是简单整数的比例关系。为了更好地确定方向、时间和季节，以及制订历法，指导农牧业生产，就需要观测研究太阳、月球、星辰在天空的视运动规律，从而产生了一门最古老的科学——天文学。古代文明的埃及、巴比伦、希腊、中国、印度、伊朗及玛雅，都留有宝贵的日食、月食、彗星等天象记载和遗迹。

考古发现，古代遗址都有一定的方向，例如，埃及金字塔的四面是朝着正东、西、南、北的。那么，

图1.2-1 埃及金字塔

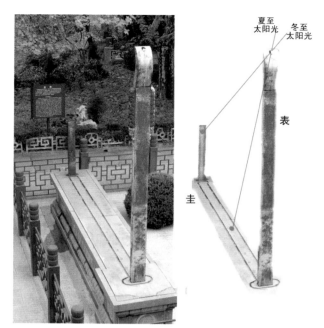

图1.2-2　圭表

古代人是如何确定方向的呢？最简便的方法是观测太阳。人们常笼统地说"日出东方、日落西方"。但严格地说，在北半球，夏季的太阳从东偏北方向升起来、从西偏北方向落下去，冬季的太阳从东偏南方向升起来、从西偏南方向落下去。怎么可以更准确地确定方向呢？古人很有智慧，发现了"立竿见影"的方法。即，太阳照射竖直竿而在地面投下影子，竿影的长度随太阳在天空的视运动而变化；当地正午时，太阳在正南——"上中天"，竿影最短，竿影就是南-北线，与它垂直的就是东-西线。在后面将谈到，夜晚可以通过观察北极星来确定方向。

古代人是如何确定回归年的长度和季节呢？就是利用上述"立竿见影"方法制造的圭表。它由"圭"和"表"两个部件组成。竖立的竿子或石柱，称为"表"（一般顶部有孔）；正南、正北方向平放的测定表影长度的刻板，称作"圭"（圭的后部折为竖直）。夏至正

图1.2-3　河南登封观星台遗址

图1.2-4　赤道式日晷

午，表影最短；冬至正午，表影最长；表影长度循环地变化于两者之间。于是，连续两次测得表影最长值的相隔天数，就是1"回归年"的时间长度，也就知道了1回归年有365天多。进而，由表影长度变化确定季节，并编制历法。在现存的河南登封观星台遗址，13米多高的高台和42米多长的量天尺就是一个巨大的圭表。

我们现在把每天分为24小时，中国古代把每天分为12时辰，每个时辰等于现在的2小时，其称呼及对应的现在时间分别为：

子（23：00 ～ 1：00）　　丑（1：00 ～ 3：00）

寅（3：00 ～ 5：00）　　卯（5：00 ～ 7：00）

辰（7：00 ～ 9：00）　　巳（9：00 ～ 11：00）

午（11：00 ～ 13：00）　　未（13：00 ～ 15：00）

申（15：00 ～ 17：00）　　酉（17：00 ～ 19：00）

戌（19：00 ～ 21：00）　　亥（21：00 ～ 23：00）

每个时辰分作8刻，每刻等于现时的15分钟。古代计量时间的工具有日晷和漏壶钟两种。日晷常采用赤道式的，有刻度的圆盘平行于地球赤道面，有一根指针穿过圆盘中心，从太阳照射指针投到圆盘的影子所指的刻度读出时辰。漏壶钟是以滴水计时的，由上下阶梯安放的四只盛水铜壶组成，上三只的壶底部有小孔，最下面一只的受水壶内竖放一个浮标尺子，随着滴水而水面升高，由刻度读出时间。

公元前24世纪，中国就设立了专职的天文官。《尚书·尧典》记载："乃命羲和，钦若昊天，历象日月星辰，敬授人时。"《尚书》记载："日中，星鸟，以殷仲春……日永，星火，以正仲夏……宵中，星虚，以殷仲秋……日短，星昴，以正仲冬。"就是说，黄昏时看到"鸟"星（星宿一）"中天"（在正南天空）时，为昼夜等长的春分日；黄昏时看到"大火"星（心宿二）"中天"时，为昼最长的夏至日；黄昏时看到"虚"星"中天"时，为昼夜又等长的秋分日；黄昏时看到"昴"星"中天"时，为昼最短的冬至日。

图1.2-5　古代的漏壶钟

3 微观、宏观和宇观

自然科学的大量研究表明，物质客体都是具有一定结构的物质系统，并且可以按照质量、尺度等特征，划分为微观、宏观和宇观及其一些层次。

表 1.3-1　各类客体在量方面的差异

客体		静止质量／克	尺度／厘米
微观客体		$10^{-27} \sim 10^{-15}$	$10^{-13} \sim 10^{-6}$
宏观客体		$10^{-14} \sim 10^{24}$	$10^{-5} \sim 10^{7}$
宇观客体	行星	$10^{25} \sim 10^{30}$	$10^{8} \sim 10^{10}$
	恒星	$10^{32} \sim 10^{35}$	$10^{6} \sim 10^{14}$
	星系	$10^{38} \sim 10^{47}$	$10^{20} \sim 10^{24}$

我们日常所见的各种物体都是宏观客体。宏观客体的特性及其运动规律是经典物理学（牛顿力学、热力学）的研究对象。

微观客体有分子、原子、原子核、核子（中子、质子）、轻子（电子、中微子）、光子、夸克等基本粒子层次。

宏观客体由微观客体组成，但宏观客体不仅与微观客体有量方面的差别，而且有质的差别。微观客体运动中的作用量是普朗克常数 h（$h = 6.626\,075\,5 \times 10^{-34}$ 焦耳·秒）量级的，而宏观客体运动中的作用量比 h 大得多。微观粒子表现出明显的粒子和波二象性，遵循量子规律性，用量子物理学研究。

1962 年，中国天文学家戴文赛教授提出"**宇观**"概念。宇观客体就是天体。宇观世界丰富多彩的现象大多与万有引力密切相关，宇观的关键是万有引力起支配

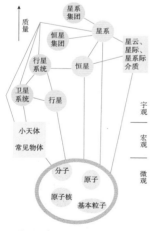

图1.3-1
各类物质客体的层次

作用。宇观客体的质量下限大致为10^{25}克。除了小天体可归入宏观客体，宇观客体的质量和大小（尺度）都比宏观客体大得多。宇观客体可分为三个主要层次：行星、恒星、星系。某些行星有卫星系统，某些恒星有行星系统，还有恒星集团（聚星、星团）、星系集团（多重星系、星系团），以及与天体形成和演化有联系的星云和星际介质。它们都是由引力束缚的宇观物质系统。

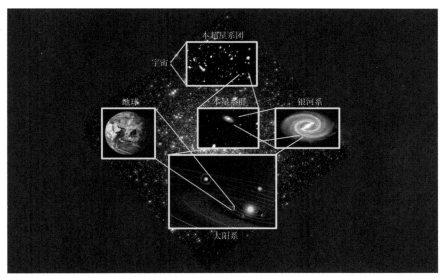

图1.3-2 宇宙的不同层次天体系统

从古至今，经过世世代代的观测研究，人类获得了丰富的天文知识。让我们来简单了解一下这些天体和天体系统吧。

人类居住在地球，好比"不识庐山真面目，只缘身在此山中"，不能一览地球的全貌。在太空飞船上的宇航员看到的最美丽的天体就是地球，缭绕的白云、辽阔的蓝色海洋、广阔的大陆一目了然。地球是太阳系的**行星**之一。绕行星运转的天体称为**卫星**。月球是地球的唯一天然卫星。

太阳系是由太阳、八颗行星（水星、金星、地球、火星、木星、土星、天王星、海王星）和五颗（及更多候选的）矮行星及它们的多颗卫星、众多的小行星和彗星，以及大量的流星体和行星际物质组成的天体系统。太阳的质量占太阳系总质量的99%以上。在太阳的引力作用下，其他成员都绕太阳公转。冥王星、谷神星等也独立绕太阳公转，但因它们小于行星而未能清除在近似轨道上的其他小天体，所以称为**矮行星**。**小行星**是绕太阳公转的更小固态天体。有趣的是，某些小行星也有伴星或卫星。**彗星**的本体是冰和尘冻结的"脏雪球"彗核，一般为几百米到几千米，大多沿着扁长椭圆轨道绕太阳公转，运行到接近太阳时，彗核的冰蒸发且带出尘而形成彗星大气——彗发和很长的彗尾，蔚为壮观。比彗星及小行星更小的天体统称为**流星体**。若流星体高速闯入地球大气而烧蚀发光，则呈现为明亮光迹划过长空的**流星**现象。陨落到地面的流星体残骸称为**陨石**。

我们看到的日轮表面是太阳的光球层，通常所说的太阳半径（69.6×10^4 千米，以 $R_\odot$ 表示）就是指光球层而言的。光球层往上依次是太阳大气的色球层和日冕，其物质稀疏透明，辐射比光球层弱得多，平时肉眼看不出来，仅在日全食时因月球遮住光球才显现。太阳总辐射功率称为**太阳光度**，记为 $L_\odot$（$1L_\odot = 3.845 \times 10^{26}$ 瓦，即384.5亿亿亿瓦）。虽然地球仅接受到太阳辐射的22亿分之一，但相当于每年5.5亿亿亿瓦的电力，是全世界每年总发电量的几十万倍！

恒星的质量一般为太阳质量的0.04～120倍。恒星大小的差别很大，有半径是太阳一千多倍的，也有半径仅为10千米左右的。恒星的表面温度一般在2 000～40 000 K[1]，不同表面温度的恒星呈现不同的颜色，温度低些的呈棕红色，温度高些的呈黄色，温度很高的呈蓝白色。恒星的光度为几十万分之一到200万 $L_\odot$。恒星不仅有单颗的，而且有且大多是成双或成团的。成双的恒星称为**双星**，三颗恒星组成的系统称为**三合星**，多颗恒星组成的系统称为**聚星**，十颗以上恒星组成的系统称为**星团**。按照星团的外貌和星数分类，有**球状星团**和**疏散星团**。

1 "K"为热力学温度单位，它与摄氏温度的换算公式为：$t = T - T_0$，其中，$T_0 = 273.15K$，t 为摄氏温度，单位为"℃"。

星空有很多弥漫的云雾状天体，称为**星云**。有些星云是较近的，属于银河系的气体或尘埃云——**银河星云**（简称星云）。有些星云是银河系之外的"河外星云"，它们实际上是由百万颗以上的恒星及星际气体和尘埃物质组成的天体系统，称为**星系**。我们太阳系所在的星系就是**银河系**。银河系的恒星密集部分呈扁盘状，称为**银盘**。由于太阳系处于银盘外部而不能一览银河系全貌，我们看到的是银盘在夜空呈现的较亮光带——**银河**或**天河**。

星系的质量一般为太阳质量的 10^6 到 10^{13} 倍。星系也有成团的现象，有双重星系、三重星系、多重星系，有星系群、星系团、超星系团。例如，大、小麦哲伦云是双重星系，它们又跟银河系一起组成三重星系，再跟仙女座星系等一起组成**本星系群**。星系团和超星系团则是更大的星系集团。现在观测到的空间范围称为**总星系**或**观测的宇宙**。

宇观客体是巨系统，组成部分（宏观和微观客体）是其子系统。宇观过程包含多种微观的和宏观的过程，但不是这些过程的简单组合，而是显示一些新的整体特性和规律。物质世界遵循一些普遍规律，因此，宏观和微观的一些具有普遍性的规律可以结合宇观条件而推广到宇观过程的研究中。实际上，很多天文学理论就是在一些物理学理论基础上发展起来的。但宇观世界毕竟比宏观和微观世界广袤和复杂得多，因此需要不断地探索很多宇观现象和过程的新特性和规律。

自然界的基本矛盾是吸引与排斥的矛盾，宇观过程归根结底也是在吸引与排斥的矛盾中进行的，并经历着不同物质运动形式的转化，因此，转化是宇观的基本过程。天体总是在不断地演化着，有时表现为短时期处于准动态平衡，有时呈现快速的激烈爆发，但总在不同程度上转化着。例如，太阳和恒星内部的热核反应使轻元素转化为较重元素，核反应能量转化为辐射能量；某些星际云收缩中，引力势能转化为动能和热能；太阳耀斑爆发中，磁能转化为辐射能和抛出粒子的动能。因此，能量守恒和转化规律是宇观过程的基本规律，只是在不同的过程中呈现不同的表现形式，甚至在宇宙极早期可能突破现有形式的能量守恒和转化规律。

4 宇宙概念的含义是什么

　　人们常说到"宇宙"，宇宙的含义是什么？宇宙的概念源远流长，一般作为天地万物的总称。英文 Universe 和 Cosmos 都是宇宙的意思，前者意为天地万物，后者来自希腊文且有井然有序之意。我国《淮南子·原道训》注释："四方上下曰宇，古往今来曰宙，以喻天地。"用现代科学术语来说，宇就是**空间**，宙就是**时间**，**宇宙**就是客观存在的物质（包括能量）世界，而物质是不断地相对运动和变化发展的，空间和时间就是物质运动与变化的表现形式。就宇宙的尺度大小而言，可分为微观物质的"小宇宙"和天体、天体系统的"大宇宙"，通常简称"宇宙"。宇宙学研究全体物质的时空世界。

　　至今，有些书刊上还常沿用牛顿的绝对时空观。牛顿认为，绝对时间自身与任何外在事物无关地均匀流逝着，绝对空间与外在事物无关且永远相同和不变。他把时间、空间和物质相互割裂，而且认为它们各自独立无关，绝对空间是三维的"框架"，绝对时间是无论在何处测量两个事件之间的时间间隔都是一样的、同时的。牛顿把他的引力理论应用于整个宇宙而提出无限宇宙模型，认为宇宙总体是稳定的，局部区域存在不稳定性而形成天体。

　　科学的发展否定了绝对空间和绝对时间的认识。1915年，爱因斯坦创立"广义相对论"，提出引力表现为由物质存在及其分布而导致的时空弯曲，在强引力场中，光线弯曲，时钟变慢，打破了绝对时空观，确立了时间、空间、物质密切联系的相对论时空观。他认为，空间和时间与物质不可分割，而且空间和时间是密切联系在一起的。

　　1917年，爱因斯坦将广义相对论的引力场方程应用于整个宇宙，并得出一个有限无边的静态宇宙模型。这可看成是四维时空中的一个三维超球面。为了便于理解，通常以一个二维球面作比喻，球面的总面积是有限的，但沿着球面没有边界，无中心，球面保持静止状态。他为了达到静态而在引力场方程引入宇宙常数项。1922年，苏联数学家弗里德曼求出不含宇宙常数项的广义相对论引力场方程的动态解，表明宇宙是膨胀的，称为弗里德曼宇宙模型。

1929年，美国天文学家哈勃观测星系的光谱线红移（说明它们远离），发现一个重要规律，即哈勃定律：星系的远离速度与其距离成正比，说明宇宙空间随时间膨胀。这可以用气球来示意：气球胀大时，球面各点远离的速率与它们的距离成正比。

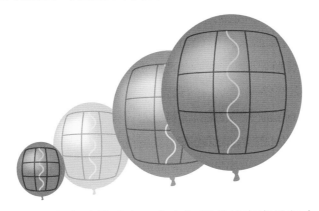

图1.4-1 用气球胀大来示意球面各点（代表星系）的远离，波纹示意红移

从宇宙膨胀逆推过去，宇宙初期必然应当是很小的。1932年，比利时天文学家勒梅特提出宇宙起源于高温、极密的"原始原子"开始膨胀的理论。1948年，阿尔菲、贝特、伽莫夫把宇宙膨胀与物质演化联系，提出宇宙起源的理论（以作者名简称为"$\alpha\beta\gamma$"理论），从而形成"大爆炸（Big Pang）"宇宙学。1977年，温伯格写了科学普及一书《最初三分钟——关于宇宙起源的现代观点》，他在书中令人信服地描绘了宇宙的起源，包括在大爆炸后短暂时间发生的详细过程。大爆炸宇宙学得到越来越多的观测事实支持，并发展为现代主流的"标准宇宙模型"。

　　我们的宇宙始于何时？经历哪些阶段而演化到现在状况？因为涉及一般公众不易理解的很多物理学和天文学的奇妙知识，本书后面再陆续介绍宇宙学研究的发展情况。这里仅简要介绍一些研究成果。

　　我们的宇宙始于"大爆炸"。近年从宇宙膨胀观测研究得出，大爆炸发生于距今137亿年前，最新结果是137.8亿年前，这就是我们的宇宙年龄。从大爆炸开始，初期是普朗克时代，温度高达10^{32}（亿亿亿亿）K。现有的物理定律不能确切地给出宇宙从大爆炸开始到10^{-43}（即千亿亿亿亿亿亿分之一）秒的量子混沌情况。按照量子理论，宇宙有最小的普朗克时间5.39×10^{-44}（即万亿亿亿亿亿亿分之5.39）秒和普朗克长度1.616×10^{-33}（即十亿亿亿亿分之1.616）厘米，存在量子涨落（起伏）。随后，到约10^{-32}（即亿亿亿亿分之一）秒之前，经历暴涨时期，宇宙在空间各方向迅猛膨胀至少10^{26}（即百亿亿亿）倍。10^{-32}秒到4.7万年是辐射为主时期，最初的主要成分是辐射（光子）和粒子（质子、中子、电子、中微子等）浓密热汤，光子数目比粒子多得多（约10亿：1），大多数相互作用由强烈辐射驱动；随后温度下降到10^9K以下，质子和中子可以相互结合，从而先后形成氘（D）、氦（He）、锂（Li）、铍（Be）等少数的宇宙核合成轻核素（即原子核）；到约3分钟，温度下降到10^8K时，宇宙变得弥漫而不能合成较重核素；随后生成中性原子。到约4.7万年后，温度下降到10^4K时，辐射的能量密度下降到小于（造星的原子）物质的能量密度，辐射（光子）与物质退耦合，留下"余辉"——宇宙背景辐射，宇宙转到物质为主时期。到100万年，宇宙变为透明，遗留下来的宇宙背景辐射随宇宙膨胀而红移为至今的3K背景辐射。到约1亿年，在宇宙物质密集区形成第一代恒星及星系。恒星内部的氢氦聚合而逐步形成重元素；恒星演化在晚期爆发，抛出的物质参与下一代恒星的形成。银河系约形成于132亿年前（即大爆炸后的5亿年左右）。地球和太阳系行星约形成于46亿年前，它们是太阳形成的副产品。

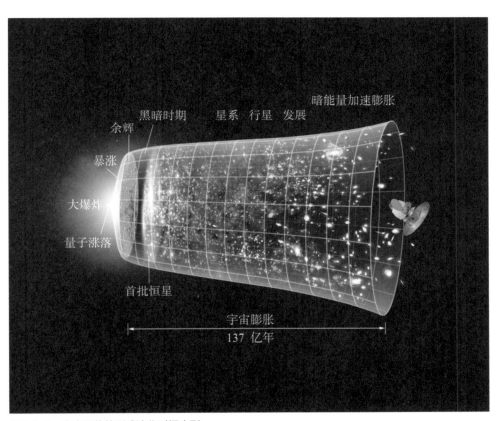

图1.4-2　宇宙天体的形成演化时间序列

5 天文学与星占学

在现代，天文学（Astronomy）与星占学（Astrology）是根本不同的，天文学是科学，而星占学是迷信。然而，历史情况并非如此。

从古代直到文艺复兴时期及再稍往后的年代，并未明确地区分天文学和星占学，从事天象观测研究的大多是同样一些人。古代人因为不了解自然现象的本质和规律，而把一些特殊天象（日食、月食、行星运行、彗星出现、流星陨落等）与人间吉、凶、祸、福牵强地联系起来。由于时代的认识局限，特别是由于迷信思想和权势主宰，从而产生根据天象来预卜人间事物的占星术——星占学。虽然天象观测研究者主要是宗教和权势的附庸，但他们观测、记录和推算天象，留下了不少有益的宝贵资料，并孕育了科学的天文学的产生。例如，哥白尼虽然是教徒和教士，但他追求科学，经过自己的长期观测研究，论证了地球不在宇宙中心，而是和其他行星都在各自轨道上绕太阳公转。他出版《天体运行论》一书，提出"日心说"这一"自然科学的独立宣言"，从而把科学从神学中解放出来。又如，第谷是丹麦贵族、御用天文学家兼星占学家和炼金术士。他不接受日心说，而提出介于地心说和日心说之间的第谷体系。他认为地球作为静止的中心，太阳围绕地球做圆周运动，而除地球之外的其他行星围绕太阳做圆周运动。虽然第谷的理论存在错误，但他注重以精确和客观的测量实践来树立新的标准，制造了很多更准确的

图1.5-1　哥白尼（1473—1543）

仪器，组织了优秀的观测队伍，进行了长达二十多年的观测，积累了大量的准确观测数据和分析研究资料，尤其是他作为识才的"伯乐"，招聘了开普勒作为助手，把全部资料留给开普勒。开普勒起先想当神学家，但后来对数学和天文学产生了浓厚兴趣，从而走上科学研究之路。当数学教师薪水很低，开普勒为了养家糊口和自己的科学研究，不得不去编制闻名遐迩的预言星占历书。他自嘲地说，作为"女儿"的占星术，若不为天文学"母亲"挣面包，母亲便要挨饿了。他认为，谁要是以为自己的命运被星辰决

图1.5-2　第谷（1546—1601）和开普勒（1571—1630）

定着，就说明他没有成熟，也就没有把上帝为他点燃的理性之光放射出来。开普勒建立的行星运动三大定律成为天文学发展的重要里程碑。

不仅古代人混淆星占学与天文学，而且在现代科学技术高度发展的时代，星占学仍在欧美等一些国家广泛流行。比如，有些报纸每天都要登载算命天宫图，偶有一天未载竟还会有读者提出抗议。又如，有位大国总统接见外国天文学家代表团时说："你们都是星占学家（Astrologer）啊！"他甚至在出访前要请占星家顾问为其选择"吉日良辰"。许多国家至今仍出版星占学专业杂志，开办星占学专门学校。种种迷信，不一而足。

对于星占学，应当去伪存真，古为今用。例如，可以利用古代天象记载研究中国早期历史断代问题。但是，天文学一定要以实际观测资料为基础，科学地探讨和认识宇宙的真实性质、结构和演化规律。科学与迷信始终是对立的。尽管广袤的宇宙仍有很多深奥的现象是未解之谜，还需要继续进行科学研究和探讨，但这与占星术无关。现代天文学的科学研究不断地揭示着宇宙奥秘，扫除着占星术迷信垃圾。

6 中国古代天象记录与夏商周断代工程

中国是世界上天文学发展最早的国家之一，在浩如烟海的古籍中，保存有大量宝贵的天象记录。这些天象记录对于现代科学的研究仍然有重要意义。

江苏科学技术出版社1988年出版的《中国古代天象记录总集》一书，是中国天文史料普查整编组普查全国地方志、二十五史、明清实录，包括太阳黑子、极光、陨石、日食、月食、月掩行星、新星等记录的成果。中国科学技术出版社2013年出版的《中国古代天象记录的研究与应用》一书，是近年出版的《中国天文学史大系》（共10册）之一。这里仅简述几个有趣的示例。

20世纪40年代初，天文学家证实金牛座的蟹状星云是1054年超新星爆发的遗迹。1949年又发现蟹状星云是一个很强的射电源。然而，超新星爆发是罕见的天象，需要借助历史遗存的观测记录。席泽宗先生在1954年发表的《从中国历史文献的记录来讨论超新星的爆发与射电源的关系》论文，以及在1955年和1965年先后发表的《古新星新表》《中韩日三国古代的新星记录及其在射电天文学中的意义》论文，在国际上经常被引用，日益显示其重要意义。

中国是世界文明古国之一，但确切的历史纪年只能上溯到西周后期的共和元年（公元前841年），再往前的史料，尤其各帝王在位年份，并不很清楚。司马迁《史记》的"三代世表"也只记录了夏商周各朝帝王名字，史学家把这种状况称为"有世无年"。1996年至2000年，我国开展了"夏商周断代工程"研究，组织历史学、考古学、天文学等领域科学家联合攻关，在9大课题44个专题中，至少有17个专题与天文有关，在12项标志性成果中有6项与天文有关，分别是夏代仲康年间的日食、商代甲骨文的周祭祀谱和"宾组（武丁年间）月食"、"武王伐纣"、西周"金文历谱（历法）"、西周祭懿王元年"天再旦"。在这些研究中，天文学的主要成果有如下三项。

一是确定懿王元年为公元前899年。《竹书纪年》记载有周"懿王元年天再旦于郑"，美籍华人彭瓞钧研究肯定"天再旦"为公元前899年4月21日凌晨发生在陕西华县一带的日环食现象。断代工程项目组在科学观察和理论研究的基础上，对公元前1100年至公元前840年之间的所有日食进行筛选，其中符合"天再旦"条件的只有发生在公元前899年4月21日和公元前871年10月6日的两次日食。但前者较强，后者较弱，且前者还有古代铜器铭文佐证。

二是确定武王克商之年为公元前1046年。古代铜器刻有铭文（武王克商后第八天所刻）"武王征商，唯甲子朝，岁鼎，克昏夙有商"。《淮南子》记载有"武王伐纣，东面而迎岁"，即武王从陕西出发而东行讨伐商纣王时，看见东方的岁星（木星）。还有《国语·周语》的木星、日、月、星等天象记载。据此，首选克商始于公元前1046年1月20日（甲子）。

三是确定商王武丁在位年代为公元前1250年至公元前1192年。《尚书》记载武丁在位59年。殷墟甲骨宾组卜辞中，有五个月食记载带有日期的干支，其中三个刻有人名"争"的武丁时期的著名贞人，分别解读为"癸未夕月食（争）""壬申夕月有食""乙酉夕月食（争）、八月"。张培渝先生推算它们分别为公元前1201年7月12日、公元前1189年10月25日、公元前1181年11月25日的月食，另两次为公元前1198年11月4日和公元前1192年12月27日的月食。考虑甲骨分期，选择武丁在位年代为公元前1250年至公元前1192年。

7 为什么说天文学是基础学科

　　天文学是人类认识宇宙的科学，是推动自然科学发展和高新技术发展，促进人类社会进步的最重要最活跃的前沿学科之一，对推动其他门类的自然科学和技术进步有着巨大作用。星空和宇宙无疑是最广袤的天然"实验室"，有着地球上的实验室无法比拟的各种条件、现象和过程，让生活在地球上的人类充满好奇、为之神往。博大精深的天文学，以其独特的魅力吸引着世世代代有识之士为之孜孜钻研、不懈探寻，激励着人们去发现和探索。

　　我国著名科学家钱学森在《现代自然科学中的基础学科》一书中论述了六大基础学科：数学、物理学、化学、天文学、地（球科）学、生物学。基础学科之为基础，是就其在现代自然科学体系中的位置而言的。天文学与其他基础学科，尤其是数学和物理学，有着密切关系。天文学运用数学来分析和推演资料，同时促进数学发展，如天体力学的研究促进了微积分理论的建立和发展。现代天文学最活跃的是天体物理学，它主要是在物理学基础上发展起来的，也涉及某些化学基础，而天文学的发现和研究又为它们开辟了新的前沿，如太阳的能源研究促进了热核反应理论及氢弹的研制，广义相对论在天文观测中得以延展。地学和生物学也扩展到行星研究和宇宙生命及地外文明探索中，而天文学研究也促进着地球和生物学的发展，如月球和类地行星的陨击坑研究使我们认识到陨击也是地球的重要地质过程，陨石和彗星及星际有机分子的发现促进了有机物甚至前生命物质的研究。

　　几千年来，人们主要靠被动地观测来自天体的可见光及其他辐射信息而了解天体。进入航天时代以来，人类能够主动地发射飞船去勘察太阳系的行星和卫星等天体。天文学采用光学、机械、电子等先进技术，创制独特的天文仪器和方法去获得和处理观测资料，又促进了技术的发展。天文学是先进的自然科学和技术的交汇，与有关的学科和技术互相渗透，推动着科学和技术飞跃进步。

天文学与文化艺术和人文学科相融合。宇宙和谐美妙，富有魅力，给人启迪，引发情怀，谱写豪放的诗曲和动人的故事，创绘美妙的画卷，演绎哲理论述，推进了文学艺术和人文学科的发展。我国古代诗人屈原写了著名的《天问》，"天何所沓？十二焉分？日月安属？列星安陈？"吟出一系列有关天文学的问题。荀子在《天论》中提出："天行有常（即有一定规律性），不为尧存，不为桀亡……不与天争职（即不去做违背自然规律的事）……夫日月之有蚀，风雨之不时，怪星之常见，是无世而不常有之……怪之，可也；而畏之，非也……故错人而思天，则失万物之情（即放弃人为的努力而指望天赐，那就违背万物之理了）。"意大利诗人但丁写道："光荣的星辰，充满美德的光，我所有的一切才能，都是从你们来的……"伟大的物理学家爱因斯坦说探索和理解神秘而和谐的自然界是他永恒的愿望。德国哲学家康德写道："世界上有两件东西能够深深地震撼人们的心灵，一件是我们心中崇高的道德准则，另一件是我们头顶上灿烂的星空。"中华民族传统认为"上知天文，下知地理"是最有"文化"的体现。现代诗人郭沫若的《天上的街市》写道："……我想那缥缈的空中，定然有美丽的街市。街市上陈列的一些物品，定然是世上没有的珍奇。你看，那浅浅的天河，定然是不甚宽广……"

天文学作为一门研究天体和其他宇宙物质的位置、分布、运动、形态、结构、化学组成、物理性质及其起源和演化的学科，在人类认识世界、改造世界以及发展世界观、人生观的活动中，始终占据着重要位置。我们看到，天文观测的每一次重大发现，都不断深化着人类对宇宙奥秘的认识；天文学的每一项重大成就，都极大丰富了人类知识的宝库；天文学与其他学科交叉融合而实现的每一次重大突破，都对基础学科乃至人类文明的进步带来了现实的和长远的深刻影响。

8 量天尺（天文单位、光年、秒差距）和天文数字

　　科学家通过观察和测量认识到，物质的最基本属性是质量、长度和时间，它们的基本单位分别是千克（kg）、米（m）、秒（s），或者克（g）、厘米（cm）、秒（s）。

时间

　　实际上，时间单位首先是从天文观测确定的。"1平太阳日"或"1天（1昼夜）"是以地球相对于太阳的自转周期为基准来计量的，1平太阳日的1/86 400为1秒。后来发现地球自转不均匀。1960年，国际度量衡大会把时间基准改为地球绕太阳公转周期，规定1900年地球公转周期（**回归年**）的1/31 556 925.974 7为1秒。随着精确、稳定的原子钟制成，1967年，国际度量衡大会规定国际单位制**原子时**的时间单位——秒（长），是铯-133原子基态的两个超精细能级之间跃迁所对应辐射9 192 631 770个周期的持续时间。

长度（距离）

　　长度单位"米"最初规定为通过巴黎的地球子午线全长的四千万分之一。如果用米作单位来表述天体的大小和距离的话，那就是非常大的"天文数字"了，如地球到太阳的平均距离为 $1.495\ 978\ 7 \times 10^{11}$ 米，这显然

很不方便。因此，就像我们常采用千米作为长度单位一
样，天文学中规定了一些"量天尺"。

在天文学中，长度（距离）常用的一种单位是**天文
单位**（距离）。将地球绕太阳公转椭圆轨道的半长径（通
俗说日地平均距离）定义为1天文单位，记为1 AU[1]。

1 AU 是 astronomical unit
的缩写。

$$1 \text{ AU} = 1\text{天文单位} = 1.495\,978\,7 \times 10^{11}\text{米}$$

比天文单位更大长度（距离）的单位是**光年**。1光
年就是光在1年经过的（真空）距离，记为l.y.[2]。真空
中的光速是最基本常数之一。根据精确测定结果，1983
年，国际协议确定真空中的光速为299 792 458米/秒
（常近似说光速为3×10^8米/秒）。

l.y. 是 light year 的缩写。

$$1\text{ l.y.} = 1\text{光年} = 9.460\,73 \times 10^{15}\text{米} = 63\,240\text{天文单位}$$

顺带指出，1983年，国际度量衡大会通过了"米"
的新定义，即"米"是光在真空中1/299 792 458秒的时
间间隔所经路程的长度。

天文学中常用"三角测量法"测
定星体的距离。在太阳、地球和星体
为顶点的三角形中（图1.8-1），以地
球轨道半径（日地平均距离）作为已
知边长——基线，它的对角称为"视
差角"。若通过天文观测测定出某星体
的视差角，就可以由三角学公式得出
地球或太阳到该星体的距离。若该星体的视差角为1角
秒，则定义它与地球的距离为1秒差距（parsec，简记
为pc）。

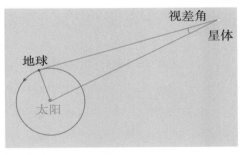

图1.8-1 三角测量法

$$1 \text{ pc} = 3.26 \text{ l.y.}$$

更远的距离则用千秒差距（kpc）、百万秒差距
（Mpc）来表示。

质量

最初的质量单位"千克"是18世纪末法国采用的"1立方米纯水在最大密度（温度约4℃）时的质量为1千克"。1875年至今，以铂铱合金制成的国际千克原器为标准。要用千克作单位来表述天体的质量，又是非常大的"天文数字"，如地球和太阳的质量分别为5.974×10^{24}千克和1.989×10^{30}千克。为了方便，天体的质量常以太阳质量（符号为$M_\odot$）为单位。

$$1M_\odot = 1.989 \times 10^{30} \text{千克}$$

知识链接

数目的表示和符号

在天文学中，不仅常用很大的数字，而且也常用很小的数字，读起来容易弄错。下面列举了一些十进制倍数和小数的读法及符号。

数目	读法	符号
10^{12} = 1 000 000 000 000	兆兆	T
10^{9} = 1 000 000 000	京 [千兆]	G
10^{6} = 1 000 000	兆 [百万]	M
10^{3} = 1 000	千	k
10^{-1} = 0.1	分	d
10^{-2} = 0.01	厘	c
10^{-3} = 0.001	毫	m
10^{-6} = 0.000 001	微	μ
10^{-9} = 0.000 000 001	纳 [毫微]	n

例如，光的波长用纳米单位，1纳米（nm）= 10^{-9}米；也常用埃（Å）单位，1埃（Å）= 1/10纳米（nm）。

9 天体的亮度——视星等和绝对星等

　　早在公元前2世纪编制星表时，希腊天文学家喜帕恰斯把肉眼看见的恒星分为6个视亮度等级，最亮的为1等，次亮的为2等……最暗的为6等。把一支蜡烛放在1 000米远处，它的视亮度与1等星差不多。在全部星空中，1等（确切地说亮于1.5等）的恒星有22颗，2等（确切地说1.5 ~ 2.5等，以下类似）的有71颗，3等的有190颗，4等的有610颗，5等的有1 929颗，6等的有5 946颗。视力好的人可以用肉眼看到夜空（半个天球）中的3 000多颗星。用望远镜可以看到更多更暗的星。由于现代城镇灯光造成夜晚光很亮——"光污染"或"光害"，因此用肉眼仅能看到为数不多的亮星。

　　生理学得出：人眼的反应与照度E的对数成正比，即

$$m = K \log E \quad 或 \quad m_2 - m_1 = K \log(E_2/E_1)$$

1850年，普森把星等与光度计测出的照度作比较，发现星等相差5等的照度之比约为100倍，因此，常数$K = -5/\log 100 = -2.5$；星等相差1等，照度之比为2.512。于是，两颗星的星等之差（$m_1 - m_2$）与照度E_2、E_1之间关系的为：

$$m_2 - m_1 = -2.5 \log(E_2/E_1)$$

星等常以星等值数字右上角加"m"来标记，如织女星的星等为0.03^m。

　　星等标与光学的照度单位（勒克斯，以下简记为勒）之间有什么关系呢？根据实验测定，在地面上产生1勒照度的星，改正地球大气"消光"（吸收和散射的减弱），

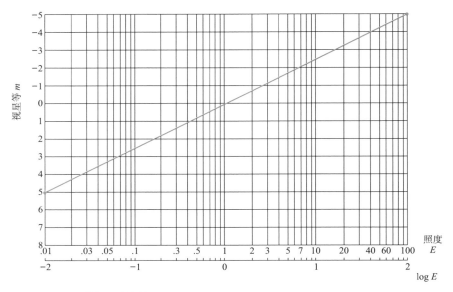

图 1.9-1 视星等与照度的关系

其大气外的星等是-13.98^m。夏季白天太阳的照度为 13.5 万勒，满月的照度为 0.25 勒，日常工作所需的照度为 30 勒。星等一般对应于星的观测（"视"）亮暗程度，故常称作**视星等**。

建立了星等标，就可准确地测定星等值并向亮的和暗的方面扩展。例如，太阳的视星等为-26.75^m，夜空最亮恒星——天狼星的视星等为-1.47^m，金星最亮时的视星等为-4.4^m，最大地面望远镜可观测到的最暗星约为 25^m，哈勃太空望远镜可以拍摄到的最暗星为 30^m。

由于各天体的距离不同，视星等并不表述其辐射本领，表述天体辐射本领的量是**光度**（辐射功率）或**绝对星等**。因为照度与距离的平方成反比，对于恒星，把视星等归算到标准距离（10 秒差距）的观测星等称为"绝对星等"。绝对星等和光度是天体辐射本领的两种等效表示，如太阳的绝对星等为 4.83^m，等效于太阳光度 $L_\odot = 3.845 \times 10^{26}$ 瓦。恒星之间的光度差别非常大。以太阳光度为标准来比较，织女星的绝对星等是 0.5^m，它的光度是太阳的 50 倍；天津四的绝对星等大约是-7.2^m，其光度比太阳强 5 万多倍；光度最强的恒星，其光度甚至是太阳的 100 万倍。

10 天文台

天文台是专门进行天象观测和天文研究的机构。早在公元前2 000多年，文明古国埃及、中国、巴比伦就建立了天文台，中国古代称之为清台、灵台、观象台。天文望远镜发明后，天文台得到了发展。1667年，法国建立了巴黎天文台。1675年，英国建立了格林尼治天文台。20世纪，天体物理学的发展促进了天文台的大发展。世界上现今约有400个大型的天文台，拥有大型天文望远镜等观测天象的仪器设备，而中、小型的甚至个人的天文台更是遍布世界各地。

世界上有很多著名的天文台。1884年，在华盛顿召开的国际经度学术会议上确定，以经过格林尼治天文台的子午线作为全球的时间和经度计量的标准参考子午线，也称为**本初子午线**，即零度经线。虽然该天文台在第二次世界大战后已迁新址，但保留"格林尼治皇家天文台"的名称。现在的世界标准时间是协调世界时（CUT）。协调世界时是以原子时秒长为基础，在时刻上尽量接近于世界时（即格林尼治时间）的一种时间计量系统。

图1.10-1　位于英国伦敦的格林尼治天文台旧址和本初子午线地面标志

图1.10-2　夏威夷莫纳克亚天文台的望远镜群

　　坐落在美国夏威夷群岛的莫纳克亚天文台是当代著名的天文学研究场所。它的海拔4 200多米，孤立于太平洋中央，是亚微米、红外线和光学等方面理想的观测基地。那里安置的望远镜有美国的凯克1号和2号（10米口径，由36个镜面组成），美国、英国、加拿大、智利、澳大利亚、阿根廷、巴西合作的北半球双子座（8.1米口径），日本的昴星团（8.3米口径），美国、加拿大、新西兰合作的JCMT（James Clerk Maxwell Telescope），美国宇航局（NASA）的红外望远镜。此外，由加拿大、美国、日本、中国合作的30米口径（由492个独立的六角镜组成）、0.31 ～ 28纳米波段的巨型光学-红外天文望远镜正在该地建设之中。

　　欧洲南方天文台（European Southern Observatory，ESO）是由13

图1.10-3　位于智利的欧洲南方天文台望远镜

个欧洲国家组成的国际性天文学研究机构，主要观测设备位于南美洲的智利，总部位于德国慕尼黑附近的加兴。

图1.10-4 我国国家天文台

我国国家天文台成立于2001年4月，除了总部，还有4个下属单位，分别是云南天文台、南京天文光学技术研究所、新疆天文台和长春人造卫星观测站，设有30个领域前沿研究团组、7个高技术实验室和15个野外观测基地。此外，国家天文台与阿根廷圣胡安大学合作，在南美洲设有一个观测站，运行我国自行研制的Ⅱ型光电等高仪和正在研制的高精度人卫激光测距系统。国家天文台总部建有世界数据中心中国天文学科中心及中国科学院数据库天文数据库等网络服务部门。

始建于1934年的紫金山天文台位于南京市东南郊风景优美的紫金山上，是我国最著名的天文台、我国自己建立的第一个现代天文学研究机构，被誉为"中国现代天文学的摇篮"。作为综合性的天文台，始建时拥有60厘米口径的反射望远镜、20厘米折射望远镜（附有

图1.10-5　紫金山天文台

15厘米天体照相仪和太阳分光镜等），后来增置了色球望远镜、定天镜、双筒折射望远镜、施密特望远镜和射电望远镜等先进的天文仪器。紫金山天文台是我国历算的权威机构，负责编算和出版每年的《中国天文年历》《航海天文历》等历书。目前，紫金山天文台以天体物理和天体力学为主要研究方向，建设并运行射电天文、空间目标与碎片观测、暗物质与空间天文、行星科学等重点实验室。该台牵头成功研制并运行我国首颗天文科学卫星——"悟空号"暗物质粒子探测卫星。

上海天文台成立于1962年，其前身是1872年建立的徐家汇观象台和1900年建立的佘山观象台。该台以天文地球动力学和银河系、星系天体物理为主要学科发展方向，拥有甚长基线干涉测量（VLBI）、卫星激光测距（SLR）、全球定位系统（GPS）等多项现代空间天文观测技术，是世界上同时拥有这些技术的7个台站之一。

图1.10-6　上海天文台的射电望远镜

11 天文馆

　　天文馆是以传播天文知识为主的科学普及机构。天象仪是其必需的设备，安置在半球形屋顶的天象厅中，可将各种天象投放到人造天幕上进行天象表演，并配合解说词说明各种天文现象。许多天文馆还建有从事天文普及活动的小型天文台。天文馆通过天象表演、天文讲座、放映天文科学教育电影、举办天文图片展览、出版天文普及书籍和刊物、组织天文观测活动、辅导制作小望远镜和天文教具等多种多样的形式，从事天文科学普及工作。

　　1928年，德国的慕尼黑市建立了世界上第一座天文馆。目前，世界上已经建有100多座大型天文馆，中小型天文馆更是不可胜数。

图1.11-1　北京天文馆

　　北京天文馆建立于1957年，是我国第一座较大型的天文馆，原址位于北京西直门外，主要通过人造星空模拟表演、举办天文知识展览、组织大众天文观测活动等形式，向公众宣传普及天文学知识。2001年年底在原址兴建新馆，并于2004年开放，主要的公共开放设施有3D动感天文演示剧场、4D动感影院、天文展厅、大众天文台、天文教室等。馆内有大型图形工作站和ADLIP激光投影设备组成的天文放映设备，能生动形象地演绎壮丽的星空景象和人类探测太空的壮举。以"快乐探寻宇宙奥秘"为主题的新馆二期展览也于2006年对外开放。这里主要用于满足普通观众和青少年学生进行天文观测与教学实践活动的需要。

　　此外，位于北京建国门的北京古观象台，其原名为观星台，始建于1442年，是明清两个朝代的天文观测中心，也是世界上最古老的天文台之一。它以建筑完整、仪器精美、历史悠久以及在东西方文化交流中的独特地位而闻名于世。

图1.11-2　北京古观象台（左）及观测仪器（右）

香港太空馆位于香港九龙尖沙咀梳士巴利道10号，于1980年10月开放。这里是以推广天文及太空科学知识为主的天文博物馆，也是世界上设备最先进的太空科学馆之一。馆内分东、西两翼，蛋形的东翼是太空馆的核心，内设天象厅、太空科学展览厅、全天域电影放映室、多个制作工场及办公室，西翼则设有天文展览厅、演讲厅、天文书店。

台北市天文科学教育馆位于台北市士林区基河路363号，为现今全球规模最大的天文博物馆。馆内设施包括宇宙剧场、展示场、宇宙探险区、立体剧场、天文观测室、天文教室、图书馆等，设备及规模都具有国际水准。尤其是其位于一楼的宇宙剧场，可容纳300人同时观赏。

图1.11-3　香港太空馆

二、地球与星空

　　建立天球坐标，观测天体方位，了解天旋与地转、日月星辰运行规律。观星、测地和测时，而授时和编制历法。览四季星空之妙趣，观日食、月食之神奇，尽赏奇妙的宇宙魅力。

1 地球与天球：天旋与地转

　　自古以来，人们仰望夜空，"天似穹庐，笼盖四野"，主观感觉好像是星星都嵌在一个巨大的球形天幕上，形成天球的概念。实际上，并不存在实体的"天球"，只是借助假想的、半径很大的天球来观测天体的方位，实际中常用一定半径的球代替。于是，你仿佛就成为了天球外的"神仙"，从高境界来换位思考天地客观关系的真谛。

　　正如你观看风景照，能够见到各景物的方位，却难以知道其真实距离。观察星空，直观所见的是各星的方位关系，而顾不着其线距离。例如，图2.1-1中的四颗星离你（在球心）的线距离是不同的，但看上去似乎都在天球上，其实那只是表现它们方位的角度关系——"角距离"。中国古代天文观测主要就是通过测量星星的方位角度关系，研究揭示某些宇宙的奥秘，如通过测定日月星辰的运动周期和日食、月食等天象的周期而编制历法。

　　从地球上看，似乎整个天球带着星星自东向西做周日旋转——"**天旋**"。其实，这是地球自西向东自转——"**地转**"的反映。天旋与地转是同一件事的两种表述。好比稳坐旋宫的人，看到外面的景物似乎都在绕他转动，天旋的直观感觉也是如此。而"旁观者清"，其他天体上的人（如登月的宇航员）就很容易客观地看出地球在自转。

　　当你在地球表面处看，最常用的是地平坐标系。地平面与天球相交的大圆是"地平圈"，它有东（E）、西（W）、南（S）、北（N）四个方向。地平圈的两个天球"极"是"天顶"和"天底"。经过北（N）、天顶、南（S）、天底四点的天球大圆是"子午圈"，天体周日视运动经过子午圈时，称为"中天"，过天顶的子午圈半圆时为"上中天"，过天底的子午圈半圆时为"下中天"。

　　地球自转轴延长而交于天球的两点，分别为"北天极"和"南天极"。地球赤道面放大相交于天球的大圆称为"天赤道"，显然，也经过地平坐标系的东（E）、西（W）两点。春分时，视太阳位于天赤道（春分点）上，太阳的周日视运动就沿着天赤道。春分后，视太阳位置越来越偏离天赤道北侧（赤纬增加），到夏至时达最大（夏至点）。随后，视太阳的赤纬逐渐减小，到秋分时，又位于天赤道（秋分点）。继而，往天赤道南侧移动，至冬至时达最南（冬至点）。然后，再逐渐北移到春分点，开始下一轮循环。除了天赤道面上的星星沿天赤道大圆做周日视运动外，其余星星（如投到天球上的亮黄星）沿平行于天赤道的小圆做周日视运动。

北天极方向与N点方向的夹角，或天赤道-子午圈交点Q方向与天顶方向的交角，等于当地的地理纬度。小熊座α是当今最靠近北天极方向的恒星，称为**北极星**，观测北极星方向与地平北点N方向的夹角，就可大致知道所在地的地理纬度。利用精密仪器测量北极星及其他恒星的地平高度角和方位角，可以由它们的准确天球位置来准确计算出各地的地理纬度和经度，从而编绘地图。

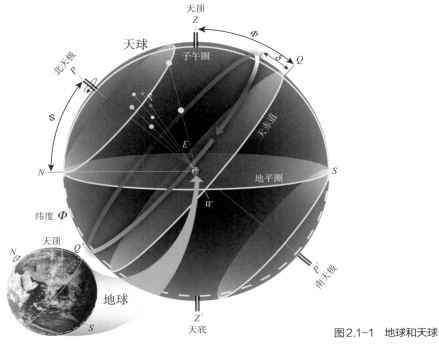

图2.1-1　地球和天球

2 天球的地平坐标系

对于地球表面一个特定观测地点而言，观察星体的视位置最直观且简便的天球坐标系是"固定于"（地球）观测地点的地平坐标系。以该点为中心 O 做一个半径很大的天球，该点的铅垂线（即重力方向）交于天球的上点是**天顶** Z，天球的下点是**天底** Z'，地平面与天球相交的大圆为地平圈，过天顶 Z 的大圆都是地平经圈，而过天顶 Z 和南点 S、北点 N 的地平经圈为**子午圈**。地平坐标系的基本圈是子午圈和地平圈，而基本点（原点）取北点 N。天体的地平坐标是**地平经度**（又称**方位角**）和**地平纬度**（又称**地平高度**[角]）。若某星与球心的连线交于天球 F 点，经过 F、S 点的地平经圈交地平圈的 M 点，则该星的地平高度[角]就是圆弧 MF 的角度（球心角 $\angle MOF$），记为 h，从地平圈向北计量0°到90°。该星的方位角沿地平圈从北点 N 向东计量，记为 A，范围为0°到360°；天文上，常用天顶距 z（大圆弧 ZF 或 $\angle ZOF$）

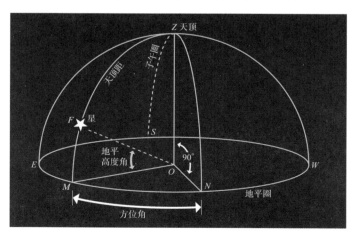

图 2.2-1　天球地平坐标系

取代 h，显然 $z = 90° - h$。由于天体都有东升西落的周日视运动，因而天体的地平坐标是随时间而变化的；只有北天极的地平坐标是不变的：$A = 0°$，$h = \varphi$（地理纬度）或 $z = 90° - \varphi$。紧靠北天极的亮星称为**北极星**（它距离北天极不到 $1°$），因此，通过观测北极星的地平高度就可以大致知道观测者所在的地理纬度。

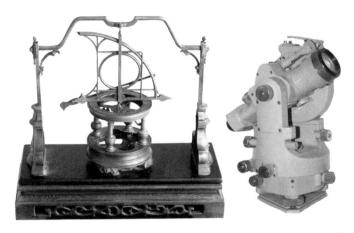

图 2.2-2　古代地平经纬仪（左）和现代经纬仪（右）

北京古观象台的地平经纬仪制成于 1715 年，它由地平圈、象限弧和游标尺三部分组成。地平圈东、西两大支柱上的曲梁中央有轴瓦，恰卡住地平圈中央的竖直轴。象限弧固定在竖直轴上，由其中间的方形及其内接圆支撑。游标尺形如宝剑，护手和剑尖上立耳各有小孔作为瞄准星体的窥孔。观测星体时，先使象限弧随竖直轴转动，待测星体与弧面保持在同一平面上，绕宝剑柄上的水平轴转动宝剑，使两窥孔与星体成一直线；于是，从地平圈和弧尺上可读出方位角和地平高度角。

现今大地测量用的**经纬仪**也是测量星体或其他天体目标的地平坐标。它与简仪（详见下节内容）的结构类似，以望远镜取代"窥孔"，可绕垂直轴和水平轴转动，由水平度盘和垂直度盘读出更准确的方位角和地平高度角。

3 天球的赤道坐标系和黄道坐标系

为了更容易理解天球坐标，我们先回顾一下地理坐标。地球表面的地点常按它的地理坐标（经度、纬度）标记在地图上。地理坐标是球面坐标的一种，地球自转轴交于地表的北极和南极，垂直于自转轴的、交于地表的大圆是赤道（圈）。经过地表一点和两极的大圆为经圈或该地的子午圈。地理坐标的基本圈是赤道（圈）和本初子午圈（由于历史原因，取经过英国格林尼治天文台旧址 G 的子午圈为本初子午圈，即零子午圈），它们的交点 G' 为原点。地表点 M 的子午圈交赤道于 M' 点，那么 M 点的经度就是圆弧 $G'M'$ 的角度（也就是地心 O 到这两点的两个半径的夹角，$\angle G'OM'$），以 λ 表示，其值范围为 $-180°$ 到 $180°$，M' 在 G 之东为东经（λ 为正值），反之为西经（λ 为负值）；而纬度是圆弧 $M'M$ 的角度，以 φ 表示，其值范围为 $-90°$ 到 $90°$，赤道之北为北纬（常以正值表示），赤道之南为南纬（常以负值表示）。例如，北京的地理坐标为：$\lambda = 116°\ 23'$，$\varphi = +39°\ 54'$。

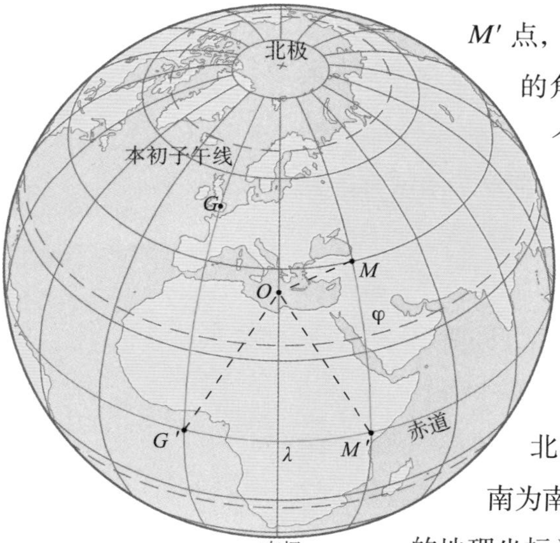

图2.3-1 地理坐标系

天球的赤道坐标系有两种：时角坐标系（又称第一赤道坐标系）和赤道坐标系（又称第二赤道坐标系）。它们都以天赤道为基本圈，而过南天极 P' 和北天极 P 的半个（大）圆为时角圈或赤经圈。时角坐标系也是

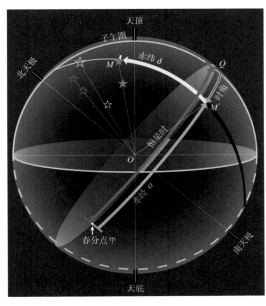

图2.3-2 天球的时角坐标系和赤道坐标系

"固定于"（地球）观测地点的天球坐标系，周日视运动天体的时角坐标随时间变化。（第二）赤道坐标系则是"固定于"（旋转）天球的坐标系，在天体的周日视运动中，其赤道坐标的赤经和赤纬都不随时间变化。

时角坐标系以天赤道和过天顶的时角圈（子午圈）为基本圈，天赤道和子午圈的交点 Q 为原点。时角坐标系的两个坐标是**时角**和**赤纬**。经过**天体 M** 的时角圈交天赤道于 M' 点，那么圆弧 QM'（或 $\angle QOM'$）的角度就称为**时角**，以符号 t 表示，从 Q 向西计量，范围为 $0°$ 到 $360°$（也常以"对应"的时间单位 ^{h}——时、^{m}——分、^{s}——秒表示，即 1^h 为 $15°$、1^m 为 $15'$、1^s 为 $15''$，例如，$02^h03^m11^s = 30°47'45''$）；圆弧 MM'（或 $\angle M'OM$）的角度称为**赤纬**，符号为 δ，从天赤道向北、向南计量，分别为 $0°$ 到 $90°$ 和 $0°$ 到 $-90°$。

天体的赤经 α 是从天球上的春分点 ♈（赤道与黄道的交点之一）沿赤道向东计量的。春分点的时角就是"恒星时"，因此，天体的赤经等于恒星时减时角。

我国古代简仪的上面部分用于测量天体的时角和赤纬。它有一个绕极轴转动的圆环，过其中心的窥杆可绕中心轴（赤纬轴）转动。转动圆环和窥杆，用窥杆两端的窥孔来对准天体，在该环的刻度（赤纬盘）上读出赤纬，在极轴下端的刻度环上读出时角。赤道式望远镜的机械结构与简仪是类似的，只是用望远镜替代了管窥。

图2.3-3　我国古代简仪

由于太阳每年在天球上沿着黄道视运动，行星的视运动也在黄道附近，因此，观测研究太阳系天体的运动采用黄道坐标系，它的两个坐标是黄经和黄纬。黄道坐标系的基本圈为黄道面，垂直于它的天球直径交于天球的两点为北黄极 K 和南黄极 K'。通过两黄极的大圆为**黄经圈**。和赤道坐标系相类似，经天体 M 和黄极的黄经圈 KMK' 交黄道于 M'。圆弧♈M'（$\angle♈OM'$）的角度是黄经，符号为 λ，从春分点♈向东计量，范围为0°到360°（但常以"对应"时间单位表示）；圆弧 $M'M$（$\angle M'OM$）的角度是黄纬，符号为 β，从黄道向北、向南计量，分别为0°到90°和0°到-90°。

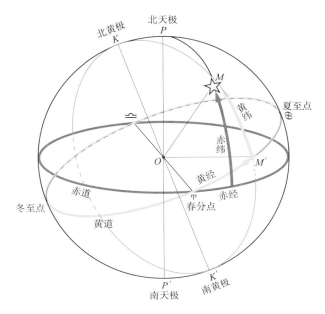

图2.3-4　天球的黄道坐标系

　　我国古代的浑仪是简仪的两部分组合（赤经盘与赤纬盘的中心都放在共同的球心），又加上黄道环和地平环及垂直环，主要测量天体的赤道坐标，也可以测量地平坐标和黄道坐标。

图2.3-5　我国古代浑仪

4 太阳时与恒星时

时间的计量是天文学的基本任务之一。时间计量包括既有差别又有联系的两个内容：一是**时间间隔**的计量，二是**时刻**的测定。时间间隔是指物质运动变化的两个不同状态之间所经历的时间历程（Δt），即经过的时间长短（多久），实际上这在于时间单位的选定。时刻是指从规定的时间起算值（**初始历元**）t_i，计量到某状态的时间值，$t = t_i + \Delta t$。时间是与物质的运动变化密切联系的，通过观测物质的运动变化量来计量时间。时间计量是通过观测地球的自转和公转运动来进行的。由于观测地球运动的基本参考点选取不同，而有不同的时间计量系统。

真太阳时与平太阳时

自古以来，人类的生活作息是通过观察太阳在天球上的周日视运动而为的。实际上，就是以地球相对于太阳的自转周期—— 1**昼夜**（1**天**或1**日**）作为时间计量标准，这在天文学上称为**真太阳时**（间）。确切地说，以太阳视圆面中心（称为**真太阳**）作为基本参考点，真太阳通过观察地点子午圈的过天顶半圆时称为**上中天**，而通过子午圈的过天底半圆时称为**下中天**，连续两次上中天的时间间隔（**日长**）为计量的基本标准——一个**真太阳日**。习惯上以真太阳下中天（真子夜）为真太阳日（1天）的开始，而以真太阳上中天为真正午，因此，真太阳时（间）的时刻 T 在数值上就等于真太阳的（以"对应"时间单位表示的）时角 t 加12小时（时间的单位——日、时、分、秒分别用右上的小写字母 ^{d}、^{h}、^{m}、^{s} 表示）。以日常24小时为例，t 为时角，T 为真太阳时的时刻，即当 $t < 12^{h}$，$T = t + 12^{h}$；当 $t > 12^{h}$，$T = t - 12^{h}$。我国古代流传下来的**日晷**就是测定真太阳时的仪器。

由于地球在绕太阳的公转椭圆轨道上的运动不是匀速的，所以，从地球上观测到太阳在天球上的视运动也是不均匀的，因而真太阳日的实际"**日长**"有变化。为了弥补真太阳时的不均匀缺点，引入一个假想的参考点——**平太阳**。它在天球上以真太阳赤经平均变化速度做均匀运动，与真太阳同时刻过春分点，平太阳连续两次下中天为一个**平太阳日**，1平太阳日分为24〔小〕时，1〔小〕时分为60分，1分分为60秒。这是常用时间，除了特别指明，一般都用平太阳时。

真太阳时 $t_{\odot}$ 与平太阳时 t_{m} 之差 η 称为**时差**，即 $\eta = t_{\odot} - t_{m}$。在《中国天文年历》的太阳表中记载有每天的

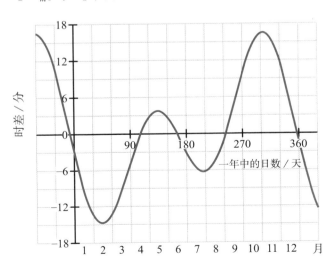

图2.4-1 时差

时差 η 值。实际上，因为平太阳是一个假想的参考点而无法观测，一般由观测真太阳的时角 t 而得出真太阳时，再加上时差 η 来计算出平太阳时 t_m，即 $t_m = t_\odot + \eta$。在一年中，时差变化于 -14^m24^s 到 $+16^m21^s$ 之间，有四次为零。

恒星时

在天文观测中常用的是**恒星时**。实际上，恒星时就是以地球相对于遥远恒星的自转周期（**恒星日**）作为时间计量标准。具体以天球上的春分点作为恒星的参考点，以春分点连续两次上中天的时间间隔为 1 恒星日，以春分点上中天为恒星日的开始，即恒星时的时刻 s 在数值上等于春分点的（以"对应"时间单位表示）时角 $t_г$，即 $s = t_г$。1 恒星日分为 24 恒星时，1 恒星时分为 60 恒星分，1 恒星分分为 60 恒星秒。

由于地球每年绕太阳公转一圈，从地球上看到太阳在天球上做周年视运动（确切地说，平太阳连续两次经过春分点的时间间隔为 1 **回归年**），其方向与天球周日运动相反，而春分点与天球一起周日运动，因此，1 回归年中的所含平太阳日的数目比恒星日的数目少 1 日，即，

1 回归年 = 365.242 2 平太阳日 = 366.242 2 恒星日

$$1 \text{平太阳日} = \frac{366.242\,2}{365.242\,2} \text{恒星日} = (1+\mu) \text{恒星日}, \quad \mu = \frac{1}{365.242\,2}$$

即，1 平太阳日比 1 恒星日约多 3^m56^s（平太阳时）。

1 平太阳时 = $(1+\mu)$ 恒星时

1 平太阳分 = $(1+\mu)$ 恒星分

1 平太阳秒 = $(1+\mu)$ 恒星秒

5 地方时与世界时

前面所述的平太阳时和恒星时都是从平太阳或春分点经过观测点的子午圈（中天）开始计量的，确切地说，应称为**地方平太阳时和地方恒星时**。地球上不同地理经度两个地点的子午圈是不同的，例如，太阳经过北京的子午圈——北京正午时，太阳还没到拉萨的子午圈，那里仍在午前，因而两个地点的地方时时刻（计量系统）不同。两个地点的地方时时刻之差在数值上就等于它们的地理经度（以"对应"时间单位表示的）之差。

为了全世界有统一的计时系统，国际上采用英国格林尼治天文台旧址的子午圈为本初子午圈（即零子午圈），以格林尼治的地方平太阳时作为**世界时**，简记为UT。若以 M 和 S 分别表示格林尼治地方平太阳时和恒星时（时刻），地理经度 λ（换算为对应的时间单位）地点的地方平太阳时 T 和地方恒星时 s，则有换算关系：

$$M = T - \lambda$$
$$S = s - \lambda$$

实际生活中采用各地的地方时或世界时都不方便，而是采用划分时区来确定相应的**区时**。全球按地理经度划分为24个时区，每个时区的地理经度范围为15°。格林尼治（$\lambda = 0°$）东、西 7.5° 范围为零时区，采用格林尼治地方平太阳时；东（西）经7.5° 到22.5° 为东（西）一时区，采用东（西）经15° 的地方平太阳时……东十二时区与西十二时区重合，采用东经（西经）180° 的地方平太阳时。我国统一采用东八时区的区时（东经120° 的地方平太阳时），称为**北京时间**。实际上，北京的地理经度为116° 23′ E，因此北京地方时不等于北京时间。

假如你效仿"夸父追日"，乘飞机从东向西做环球旅行，每过一个时区把表拨慢1小时，环绕地球一圈回到出发点时就慢了1天；而从西向东做环球旅行，每过一个时区把表拨快1小时，环球一圈回到出发点时则快了1天。这显然很不方便，乃至引起误会。因此，地球上还需要有统一的日期。那么，地球上新的一天从哪里开始、到哪里结束呢？每年的新年钟声首先在哪里响起呢？为此，国际上规定，在太平洋中靠近东（西）经180°划一条**国际日期变更线**（简称**日界线**），地球上每个新的一天就从日界线开始和结束。从东到西过日界线就日期增加1天，例如，在日界线东是12月31日，过到日界线西就改为次年1月1日（元旦）；从西到东过日界线日期就减去1天，例如，在日界线西是元旦，过到日界线东就改为前一年12月31日。为了便于地跨东（西）经180°两侧的国家或地区（如俄罗斯、汤加王国、基里巴斯共和国）使用同一个日期，日界线取为偏离东经180°的折线。于是，汤加王国和基里巴斯共和国成为最早迎接新的一天、新的一年、新的世纪到来的国家。

在星空观测中，我们常遇到的问题是由已知的北京时间T（时刻）计算观测地点的地方恒星时s（时刻）。可以进行如下步骤的计算：

$$M（世界时）= T（北京时间）- 8^h$$

从《天文年历》或其他表查出那天世界时0^h的恒星时S_0和观测地点的地理经度λ。将（平太阳时）时间间隔M换算为恒星时的时间间隔ΔS，

$$\Delta S = M（1 + \mu）$$

于是，T（因而，M）时刻对应的格林尼治恒星时S，

$$S = S_0 + \Delta S = S_0 + M（1 + \mu）$$

观测点的地方恒星时s，

$$s = S + \lambda = S_0 + M（1 + \mu）+ \lambda$$

赤经α的恒星在时角为t的恒星时是$s = \alpha + t$；上中天（时角$t = 0$）时的恒星时为$s = \alpha$。于是，观测恒星的时角就可以简便地由其赤经和时角算出当时的地方恒星时时刻。

6 历法

　　古代人观测研究太阳、月球在天球上的视运动规律，形成了以昼夜循环周期的**日**、月亮圆缺周期的**月**、寒来暑往周期的**年**作为时间计量。但是，年和月都不是日的整数倍，而人们习惯于计日而生息，因此，需要制定合理的原则和方法，协调年、月、日之间的安排，推算和编制历书，这样的原则和方法称为**历法**。由于历书与人们的生活和生产息息相关，世界上的文明古国都十分重视历法，把历法改革作为国家大事。我国古代尧禅位于舜时说："天之历数在尔躬。"

　　在历史上，随着天文观测精度的提高和年、月、日的安排方法不同，有过多种历法，主要可以归纳为三类：太阴历、太阳历和阴阳历。

　　太阴历是人类历史上最早的一种历法。它以太阴（即月亮）圆缺变化（即朔望，"朔"即"新月"，"望"即"满月"）周期为基准，称为月，12个月为1**太阴年**。古代人观测得出，一个朔望月平均为29.5天，因而安排奇数月份每月为29天，偶数月份每月为30天，1年为29.5 × 12＝354天。但是，朔望月实际上是29.530 59天，1太阴年12个月共354.367 08天。为了保证每年的年初和月初都在"朔"，采用30年中有11个"闰年"，在年末加1天而全年共355天。于是，30年的总天数（354 × 30 + 11＝10 631天）就与实际值（354.367 08 × 30＝10 631.012 4天）很接近了。

　　太阴历的优点是每月的日期与月球的位相吻合，对于预报海洋潮汐和安排渔业及宗教活动方便。但是，太阴历比回归年（365.242 2天）短，而且不匹配季节交替，不适于农业生产，除了部分国家和地区外，现在一般不再用太阴历。

　　太阳历以太阳的周年视运动（即**回归年**）为基准，也称为**阳历**，始于古埃及。起初1年仅360天，后来发现太阳运行1年为365.25天，便把1年定为365天。我国早期的"黄帝历"就是以365.25天为1年的，

《尚书·尧典》载有："期年三百有六旬有六日，以闰月定四时成岁。"

公元前46年，罗马帝国最高统治者儒略·恺撒在埃及天文学家的帮助下改革历法，新历称为**儒略历**。主要内容有：每年设12个月（这里的月仅是一种时间单位，已跟月球位相圆缺变化无关了），全年365天；冬至后第10天为岁首；每隔3年设1个闰年，于2月末多加1天。儒略历平均每年为365.25天，比回归年（365.242 2天）长0.007 8天，从公元325年到1582年累积长达10天。

公元1582年，罗马教皇格里高利十三世采用业余天文学家利里奥的改历方案，将儒略历每4年置1个闰年改为每400年置97个闰年，规定公元年数能被4整除的年份为闰年，但是世纪年份只有可被400整除的（如2000年、2400年）才算闰年，其余的世纪年份不再是闰年，而为平年（如1900年、2100年），称为**格里历**。它的平均年为（365×400＋97）÷400＝365.242 5天，要经3 300多年才与回归年相差1天。格里历后来被更多的国家采用而成为**公历**。公历纪年（公元年号）从所谓"基督诞生"算起。实际上，基督（耶稣）诞生的真实年代无从考查，而是按一位教士的"倒推"建议采用的。我国古代采用帝王年号，使用不方便，辛亥革命后改为中华民国纪年，中华人民共和国成立后改为公历纪年。

公历的平年有365天，分12个月，其中1、3、5、7、8、10、12月有31天，4、6、9、11月有30天，2月有28天；闰年有366天，其中2月有29天，其余月的天数与平年一样。岁首（元旦）和纪元（年份）纯粹是人为规定的。公历的岁首和纪元是从儒略历沿用下来的。

公历中还有七天的记日方法，即**星期**。在古代巴比伦，依次以太阳、月球、火星、水星、木星、金星、土星代表星期日、星期一、星期二、星期三、星期四、星期五、星期六，直到现在的某些语言中还保留这样的星期命名，如英语的 Sunday（星期日）、Monday（星期一）、Saturday（星期六）。

我国的传统历法采用**阴阳历**，又称为**农历**、**夏历**，"月"以朔望月为基准，"年"以回归年为基准，兼顾协调考虑朔望月周期（29.530 59 天）和回归年季节变化周期（365.242 2 天）。农历的月首（初一）总在朔，大月 30 天，小月 29 天，因而有"十五的月亮（不圆）十六圆（满月）"之说。大月和小月的安排不固定，需根据实际天象推算而定，平年有 12 个月，共 354 或 355 天；闰年有 13 个月，共 384 或 385 天。远在公元前 6 世纪（春秋时代）就发现"十九年七闰法"。显然，19 个回归年的天数是：365.242 2 × 19 = 6 939.601 8 天。而 19 个农历年有 12 × 19 + 7 = 235 个朔望月，即 29.530 59 × 235 = 6 939.688 65 天，两者仅相差 0.086 85 天，因而很准确。一般安排在第 1、6、9、11、14、17、19 年没有"中气"的月为前一月的闰月，例如，农历辛巳年（公历 2001 年）正月大、二月大、三月小、四月大、闰四月小、五月大、六月小、七月小、八月大、九月小、十月大、十一月小、十二月（腊月）大，计 384 天。

我国现在通用的每年日历包括公历和农历两部分，兼顾两种历法的优点。

此外，**万年历**是我国古代传说的最古老的一部太阳历，为纪念历法编撰者万年而命名为"万年历"。"万年"只是一种象征，表示时间跨度大。现在使用的万年历是适用于若干年的历书，主要由天文台依据天象观测而编制，经新闻媒体加以扩展，同时显示公历、农历和干支历等多套历法，又为迎合民间习俗而带有迷信的"黄历"相关吉凶宜忌等信息，可以使用电脑和手机软件下载，方便人们查询使用。

7 干支纪日、儒略日与二十四节气

我国自古以来就有连续的**干支**纪年、纪月、纪日、纪时法。**干支**是**天干**和**地支**的合称。天干有十干：甲、乙、丙、丁、戊、己、庚、辛、壬、癸。地支有十二支：子、丑、寅、卯、辰、巳、午、未、申、酉、戌、亥。天干和地支依次搭配而形成从甲子到癸亥的六十干支或六十甲子，依次是：

01甲子	02乙丑	03丙寅	04丁卯	05戊辰	06己巳
07庚午	08辛未	09壬申	10癸酉	11甲戌	12乙亥
13丙子	14丁丑	15戊寅	16己卯	17庚辰	18辛巳
19壬午	20癸未	21甲申	22乙酉	23丙戌	24丁亥
25戊子	26己丑	27庚寅	28辛卯	29壬辰	30癸巳
31甲午	32乙未	33丙申	34丁酉	35戊戌	36己亥
37庚子	38辛丑	39壬寅	40癸卯	41甲辰	42乙巳
43丙午	44丁未	45戊申	46己酉	47庚戌	48辛亥
49壬子	50癸丑	51甲寅	52乙卯	53丙辰	54丁巳
55戊午	56己未	57庚申	58辛酉	59壬戌	60癸亥

干支纪日最早见于殷商甲骨文，有确切记载的从鲁隐公（公元前722年）至今，1日一个干支名号，循环使用，从未间断，是世界上最久的连续纪日。例如，公历2000年元旦（1月1日）是戊午日，春节（农历正月初一，公历2月5日）是癸亥日。按照干支逆推，就可知道历史事件的日期。

干支纪年大约从东汉（公元85年）开始，在我国历

史上广泛使用，特别是近代史的重大事件常用干支纪
年表示，如甲午战争（公元1894年）、辛亥革命（公
元1911年）。很容易用加或减60的整数倍计算其他甲
子年的公元年，例如，公元1984年以后的甲子年有公
元2044、2104年，以前的甲子年有公元1864、1804、
1744……相应甲子后的公元年干支可按上面表的年数查
出，例如，公元2000年是从公元1984（甲子）年始排
的17（年）而为庚辰年。

十二地支年与民俗的十二属相对应，分别为：

子-鼠　　丑-牛　　寅-虎　　卯-兔
辰-龙　　巳-蛇　　午-马　　未-羊
申-猴　　酉-鸡　　戌-狗　　亥-猪

干支纪月因农历十二个月而各月份的地支是固定
的，即正月为寅，二至十二月分别为卯、辰、巳、午、
未、申、酉、戌、亥、子、丑，再配天干（甲或己年
份，正月为丙寅，二月、三月……依六十次序为丁卯、
戊辰……即，乙或庚年份，正月为戊寅；丙或辛年份，
正月为庚寅；丁或壬年份，正月为壬寅；戊或癸年份，
正月为甲寅），而闰月没有独立的干支（以当月的节气
时刻为界，前、后分属上、下月的干支），五年为一个
循环。例如，公元2000年是农历庚辰年，正月为戊寅。

干支纪时分每天24小时为12时辰，每2小时为一个
时辰，每个时辰的地支是固定的：前一日的23时0分到
当日1时0分为子时，1时0分到3时0分为丑时，依次
类推。时辰的天干由该日推求如下：若日干为甲或己，
子时为甲子；日干为乙或庚，子时为丙子；日干为丙或
辛，子时为戊子；日干为丁或壬，子时为庚子；日干为

戊或癸，子时为壬子。知道了子时的干支，便可按六十干支次序推算出其余时辰的干支。所谓一个人的生辰"八字"就是出生的年、月、日、时（辰）的四个干支的八个字。生辰八字的总数仅等于 $60^4 = 12\,960\,000$，因此一定会有"八字"相同而"命运"不同的人，算命是迷信，是骗人的。

儒略日（JD）是一种不设年和月的"长期纪日法"。它以公元–4712年（即公元前4713年，因为公元前1年在天文上记为0年）儒略历世界时1月1日12^h起算，连续不断地计算日数，符号为JD。这种纪日法是16世纪的斯卡里格尔提出的，以其父儒略[1]命名的。儒略日对于计算两个事件之间的日数是很方便的。在《天文年历》中载有儒略日表，列出每月0日世界时12^h的儒略日数，例如，2001年1月0日世界时12时的儒略日数为JD2451910，2010年1月0日世界时12时的儒略日数为JD2455197。此外，因儒略日的数字较大，也常把儒略日数减去$2\,400\,000.5$，之差称为"改进的儒略日"，记为MJD，如JD2452018.5 ＝ MJD52018。

二十四节气是我国历法特有的，与季节农时密切相关，实际上是根据太阳的周年视运动来确定的，应属于阳历。具体地说，太阳在黄道上从春分点起，每运行15°为一节气。阳历每月有两个节气，日期大致是固定的（至多相差一二天），前一个叫**节气**，后一个叫**中气**，而节气在农历的日期是不固定的。二十四节气的节（气）、中（气）及其公历日期如下。

春季：立春（正月，节）– 2月4或5日　　雨水（正月，中）– 2月19或20日
　　　惊蛰（二月，节）– 3月5或6日　　春分（二月，中）– 3月20或21日
　　　清明（三月，节）– 4月4或5日　　谷雨（三月，中）– 4月20或21日

1　与儒略·恺撒无关。

夏季：立夏（四月，节）– 5月5或6日　　小满（四月，中）– 5月21或22日

　　　芒种（五月，节）– 6月5或6日　　夏至（五月，中）– 6月21或22日

　　　小暑（六月，节）– 7月7或8日　　大暑（六月，中）– 7月23或24日

秋季：立秋（七月，节）– 8月7或8日　　处暑（七月，中）– 8月23或24日

　　　白露（八月，节）– 9月7或8日　　秋分（八月，中）– 9月23或24日

　　　寒露（九月，节）– 10月8或9日　　霜降（九月，中）– 10月23或24日

冬季：立冬（十月，节）– 11月7或8日　　小雪（十月，中）– 11月22或23日

　　　大雪（十一月，节）– 12月7或8日　　冬至（十一月，中）– 12月21或22日

　　　小寒（十二月，节）– 1月5或6日　　大寒（十二月，中）– 2月20或21日

　　为了便于记忆，人们编创了**节气歌**：春雨惊春清谷天，夏满芒夏暑相连；秋处露秋寒霜降，冬雪雪冬小大寒。另有：立春公历二月起，按月两节不改变；上半年来六廿一，下半年来八廿三。

8 星空遨游指南——天球仪、星图、星座与星表

在晴朗的夜晚，你想去遨游璀璨的星空，抒发博大深邃的情怀吗？俗话说，"内行看门道，外行看热闹"，学地理用地球仪和地图，学天文用天球仪和星图。学会使用天球仪和星图，才能在星空遨游中更有兴趣。

我国古代的天体仪就是天球仪。其球面上有很多星标及坐标网，球绕极轴转动，当水平面之上的半球跟星空对应时，从球心到某星标的直线延伸，就指向星空的那颗星。

星图有多种，最简便的是活动星图。它由一个可以转动的全天投影星图和一个标有时间及按观测点地理纬度开孔的夹片组成。"仰观天文，俯察地理"，地图是上北、下南、左西、右东，而星图是上北、下南、左东、右西。星图以圆点大小表示恒星的星等，其位置表示在天球上的投影位置，还标有星座、著名亮星的名称及星团、星云、银河及星系。肉眼看见的星空随季节、观测时间和观测点的地理纬度而变化，但星图上的恒星及其他天体在天球或星图上的位置基本是固定的。根据观测的日期和时间，把当时可以观测的星空部分转到椭圆开孔中。脸朝南站立时，将星图上举，星图便与星空对应。

图2.8-1 古代天体仪

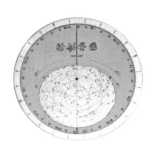

图2.8-2 活动星图

常用的星图一般较活动星图的比例大些，星也多些。全天由多幅天区星图组成，标有较准确的天球赤道坐标网，每幅仅在所标时间完全与星空对应。《天文爱好者》和《天文馆研究》杂志常介绍各种星图，可以根据观测时间选用。

像地球上划分国家和区域一样，古代就开始把星空分区。我国古代把星空划分为三垣（紫薇垣、天市垣、太微垣）、四象、二十八宿。（其中，四象二十八宿：东方苍龙之象包括角、亢、氐、房、心、尾、箕七宿，南方朱雀之象包括井、鬼、柳、星、张、翼、轸七宿，西方白虎之象包括奎、娄、胃、昴、毕、觜、参七宿，北方玄武之象包括斗、牛、女、虚、危、室、壁七宿。）

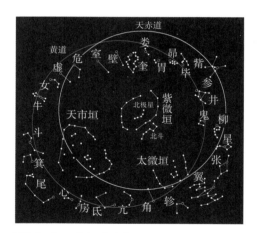

图2.8-3 三垣二十八宿

图2.8-4 四象二十八宿

古代巴比伦、希腊把星空划分为一些星座，都以神话中的人或物命名，被沿袭下来，后来又补充了南天星座。1928年，国际天文学联合会确定通用的全天88个星座的拉丁文简写和中文名称如下。

北天星座（29个）

UMi 小熊	Dra 天龙	Cep 仙王	Cas 仙后	Cam 鹿豹
UMa 大熊	CVn 猎犬	Boo 牧夫	CrB 北冕	Her 武仙
Lyr 天琴	Cyg 天鹅	Lac 蝎虎	And 仙女	Per 英仙
Aur 御夫	Lyn 天猫	LMi 小狮	Com 后发	Ser 巨蛇
Oph 蛇夫	Sct 盾牌	Aql 天鹰	Sge 天箭	Vul 狐狸
Del 海豚	Equ 小马	Peg 飞马	Tri 三角	

黄道星座（12个）

Psc 双鱼	Ari 白羊	Tau 金牛	Gem 双子	Cnc 巨蟹	Leo 狮子
Vir 室女	Lib 天秤	Sco 天蝎	Sgr 人马	Cap 摩羯	Aqr 宝瓶

南天星座（47个）

Cet 鲸鱼	Eri 波江	Ori 猎户	Mon 麒麟	CMi 小犬
Hya 长蛇	Sex 六分仪	Crt 巨爵	Crv 乌鸦	Lup 豺狼
CrA 南冕	Mic 显微镜	Ara 天坛	Tel 望远镜	Ind 印第安
Gru 天鹤	Phe 凤凰	Hor 时钟	Pic 绘架	Vel 船帆
Cru 南十字	Cir 圆规	TrA 南三角	Pav 孔雀	PsA 南鱼
Scl 玉夫	For 天炉	Cae 雕具	Col 天鸽	Lep 天兔
CMa 大犬	Pup 船尾	Pyx 罗盘	Ant 唧筒	Cen 半人马
Nor 矩尺	Tuc 杜鹃	Ret 网罟	Dor 剑鱼	Vol 飞鱼
Car 船底	Mus 苍蝇	Aps 天燕	Oct 南极	Hyi 水蛇
Men 山案	Cha 蝘蜓			

每个星座内的亮恒星依次以希腊字母 α、β、γ、δ……表示，继以阿拉伯数字表示，例如，大犬座 α（α CMi）——天狼星，天鹅座61（61Cyg）。

一般星图的比例尺都不够大，无法显示天体的准确赤道坐标和星等及其他资料，还需备有天体的准确赤道坐标、星等、视差（距离）资料的表册——**星表**。星表的种类很多，如目视星表、双星星表、变星星表、小行星星表、彗星星表、梅西耶（星团星云）表……大型星表需要到天文台图书馆查询，可自备小型星表或观测手册。**天文年历**也是常用的工具书，它载有很多重要的天象资料，爱好者可用**天文简历**。《*Sky&Telescope*》《天文爱好者》杂志也刊载很多有用资料。

目前最好的星表和星图是**伊巴谷–第谷星表**（Hipparcos and Tycho Catalog）和**千禧星图**（Millennium Star Atlas），包括100多万颗亮于12.5^{m}的恒星，是伊巴谷天文卫星（High Parallex Collecting Satellite）在1989年11月到1993年3月精确观测的。**帕洛玛天图**（PSS–Palomar Sky Survey）是暗到21^{m}的照相星图。SDSS（Sloan Digital Sky Survey）包含全天球的约1亿颗暗到23^{m}天体的资料。此外，常用的SAO（史密松天体物理台）星表（Smisonian Astrophysical Observatory Star Catalog）包括暗到11^{m}的约26万颗恒星的资料。

观测星空时，应选择没有建筑物或树木遮挡视野的开阔地方，当然应避开附近的灯光污染，如果到乡野就可以比在城镇看到更多的暗星。现代城市亮化，夜晚的光太亮，仅能看到不多的亮星，而看不到银河和暗星。眼睛瞳孔在黑暗环境中放大，比白昼时更灵敏，但从亮处到黑暗处还需15分钟以上的时间才能完全适应。因此，不宜用强光手电筒或灯光照射星图和观看星空，可把手电筒的灯泡换成眼睛不敏感的暗红色的，或用两三层红布包起来。观测星空的时间，最好是天气晴朗的无月之夜（月光也是观星的光污染，故有"月明星稀"之说，但对观看亮星则无大碍），月落后或月出前观看更好些。

9 星空灯塔——
北斗七星和北极星

　　在漆黑的晴夜，如何辨别正北方向呢？就如大海航行需要灯塔指引，辨别方向可以寻找星空的"灯塔"——一组呈斗勺状的北斗七星，进而找到北极星。西方人把星空北天区的亮星想象成大熊和小熊状，斗柄和北极星分别位于大熊和小熊的尾巴上。将北斗勺口的两颗亮星连线，外延其五倍远处，就可见到北极星（图2.9-1）。

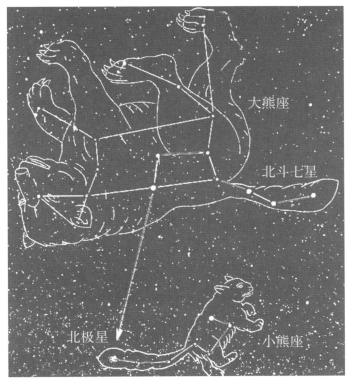

大熊座

北斗七星

北极星

小熊座

图2.9-1　北斗七星和北极星

　　北极星（北极极轴所指的星）现在是小熊座α星，我国古代称之为"勾陈一"或"北辰"，视亮度为

1.79^m。它现在很靠近地球自转轴北极所指方向，因此，看起来它似乎总在天空固定不动，故被视为群星之主。《论语》说："为政以德，譬如北辰，居其所，而众星共（拱）之。"其实，它是距离地球约400光年的普通恒星。北极星的地平高度角大致等于观测点的地理纬度，与北极星的角距离小于当地纬度的恒星总不会落到地平之下，整夜可见。

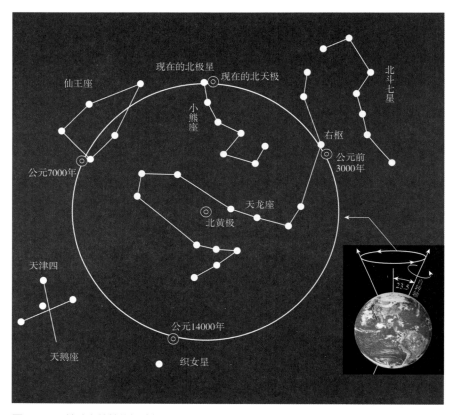

图2.9-2 地球自转轴的摆动与北极星的变迁

类似陀螺的转轴摆动，地球自转轴也是在绕黄极周期性缓慢摆动，因而北天极指向的天空位置也是变迁的（图2.9-2）。天文学家早已算出，在5 000年前，北极星不是现在的小熊座 α 星，而是天龙座 α 星（中国古代称之为"右枢");到公元2100年前后，北极指向与小熊座α星之间的角距将最小（约28角分），以后，北极指向将逐渐远离小熊座α星；到公元7000年前后，仙王座α星将成为北极星；到公元14000年前后，天琴座α星（织女星）将成为北极星。地球自转轴这样摆动的周期约26 000年。

由于地球每天绕极轴的自转，当我们面向北天极区观察，就看到北斗七星成为左旋的"钟"针，每天（24小时）绕北极星转一圈（360°），即每4小时转60°（图2.9-3左）。

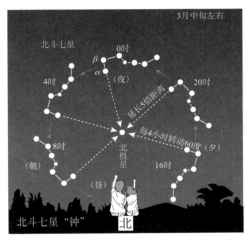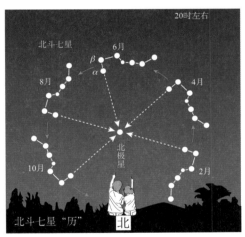

图2.9-3　北斗七星成为"钟"和季节"历"

由于地球还要每年（365.25天）绕太阳公转，在北半球，我们就看到北斗七星成为左旋的季节"历"针，每天会提早4分钟返回前一天的相同视位置，一个季节后斗柄的方向转过90°，于是就有傍晚朝向北天，看到的"斗柄东指，天下皆春；斗柄南指，天下皆夏；斗柄西指，天下皆秋；斗柄北指，天下皆冬"，可简记为：春夏秋冬，东南西北（图2.9-3右）。

北斗七星各自的专有名、位置排列、亮度（视星等）和距离不一，最亮的是 α UMa（UMa 是大熊座的简写）和 ε UMa，最暗的是 δ UMa。

恒星命名	中文名称	古名	英文名	视星等	距离（光年）
α UMa	天枢	贪狼	Dubhe	1.79	124
β UMa	天璇	巨门	Merak	2.37	79
γ UMa	天玑	禄存	Phecda	2.44	84
δ UMa	天权	文曲	Megrez	3.31	81
ε UMa	玉衡	廉贞	Alioth	1.77	81
ζ UMa	开阳	武曲	Mizar	2.27	78
η UMa	摇光	破军	Alkaid	1.86	101

恒星实际上是在运动的，只是由于距离遥远而短时间不易被察觉，很长时间的精确定位观测确证恒星是有相对运动的。以北斗七星为例，近代已测定出各星的相对运动，推算出 10 万年前和 10 万年后的北斗七星位形与现在的大不一样（图 2.9-4）。

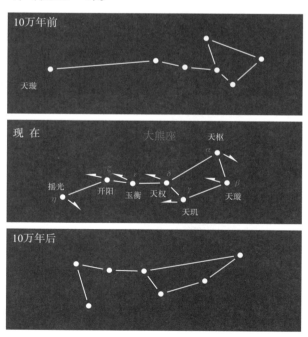

图 2.9-4　北斗七星的相对位置变化

10 各有情趣的四季星空

由于地球每年绕太阳公转一圈，地球上夜晚看见的星空随之变化，四季见到的星空区域不同，每区有一些著名的亮星及星云等天体，各有情调趣味。让我们来初步认识一下四季的"明星"吧。

春季星空

春季星空最易识别的是前面所述的北斗七星。沿着北斗的斗柄四颗星（大熊座 δ、ε、ζ、η）的曲线向南画大弧线延长下去，可以看见两颗很亮的恒星，近的是大角（牧夫座 α，-0.04^m，橘黄色，距离我们约 35 光年），远的是角宿一（室女座 α，0.98^m，蓝白色，距离我们约 270 光年）。这条大弧线称为"春季大曲线"。

黄道从角宿一偏北经过，黄道和天赤道相交的秋分点在室女座（位于角宿一的西偏北约 $25°$，那里没有亮星标志）。太阳在天球上周年视运动经过秋分点那天就是秋分（公历每年 9 月 23 或 24 日），那天的太阳从正东升起，到正西落下，昼夜等长。

大熊座的东南有猎犬座等几个小星座。在大角和角宿一的西面远处、约它们角距的 1.7 倍，最亮的恒星是狮子座的轩辕十四（狮子座 α，1.35^m，蓝白色，距离我们约 84 光年）。狮子座是春季最耀眼的星座，覆盖的天区比北斗七星略大些，最著名的天象是狮子座流星雨，每年 11 月 17 日左右从位于狮子座 γ 附近的辐射点散现。在大角和轩辕十四之间（更近后者）的亮星是五帝座一（狮子座 β，2.14^m，白色）。大角、角宿一、五帝座一之间的连线大致呈等边三角形，称为"春季大三角"。它与"春季大曲线"及北斗七星是识别春季星空的特殊标志。

在轩辕十四与牧夫座之间有后发座，虽然缺少明亮恒星，却有后发星团，距离我们约250光年，是第二近的星团，肉眼可见的恒星不到一打，用望远镜则可见到二十多颗，呈现在令人难忘的背景星中。

室女座西南邻是两个小星座——乌鸦座和巨爵座。乌鸦座的四颗较亮星——ε（3.00^m）、β（2.65^m）、δ（2.95^m）、γ（2.59^m）组成不规则四边形。在它们和狮子座之南是横跨天空的长蛇座，头西尾东，展现在南天下部，由一些较暗星组成，只有一颗亮星——星宿一（长蛇座α，1.98^m）。在长蛇座之南有半人马、唧筒等南天星座。

为了便于认星记忆，春季星空的主要星座可概括为"星空歌诀"：斗柄弯，向东方，牧夫室女顺势弯，狮子长蛇赶巨蟹，乌鸦巨爵紧跟上。

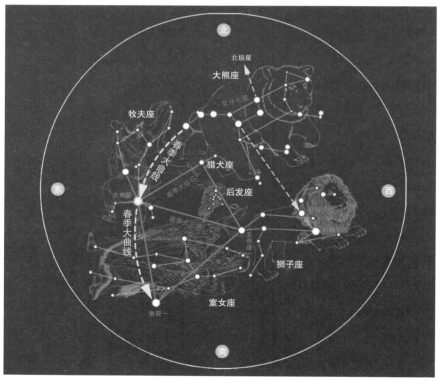

图2.10-1　春季星空

夏季星空

夏夜星空，繁星璀璨，银河从北偏东到南偏西横贯天穹，牛郎星和织女星分别在其东、西两旁，"天鹅"展翅在银河上，甚为壮观有趣。最醒目的是呈大三角排布的三颗亮星（称为"夏季大三角"），最亮的是织女星（天琴座α，0.03^m，蓝白色），其次是其南东约35°处、银河对岸的牛郎星（又称牵牛、河鼓二，天鹰座α，0.77^m，白微黄色），再次是织女东偏北约35°、银河内的天津四（天鹅座α，1.25^m，蓝白色）。神话故事里牛郎织女每年七夕相会。实际上，织女星距离我们约26.5光年，牛郎星距离我们约16光年，牛郎星距离织女星约16光年。显然，它们只能"未得渡清浅，相对遥相望"。

织女星旁有四颗较暗星组成平行四边形，是神话中织女纺纱的梭子，在希腊神话中是七弦琴。其中的天琴座β（渐台二）是著名的食变双星，因为两子星相互绕转的交食周期为12.94天、视亮度变化于3.4^m ～ 4.3^m。天琴座ε是目视双星，两子星角距近4′，亮度分别为4.5^{m}和4.7^m，一黄一蓝，在望远镜中可分辨出每颗子星又都是双星，因此它是四合星。

牛郎星与其两旁的天鹰座β（3.71^m）和γ（2.72^m）排成一线，称为"扁担星"，是神话中牛郎挑担箩筐中的孩子。天鹅座的亮星大致排成"十"字形而称为"北十字"，西方人设想其为天鹅展翅。天鹅座β是天鹅尖嘴的标志，在望远镜中看出它是角距为34.5″的美丽双星——一颗亮度为3.08^m，黄色（它实际上是双星系统）；另一颗亮度为5.11^m，蓝色。

银河又称天河、银汉等，西方称之为"奶油之路（Milky Way）"，肉眼看起来像一条淡淡的云雾般的辉光带，实际上是银河系中恒星密集的银盘。在望远镜中可以分辨出它由众多恒星组成，只是因为肉眼分辨能力不够而看上去像连续的带。银河在天鹅段相当亮丽，但天津四之东却有一片称为"北天煤袋"的黑色区，那是由于尘埃云遮住了背后的星光。

天鹰座之南是人马座，银河最亮的部分就在那里，银河系中心方向在它与蛇夫座及天蝎座交界点。人马座东部有六颗亮星（2^m ～ 3^m）

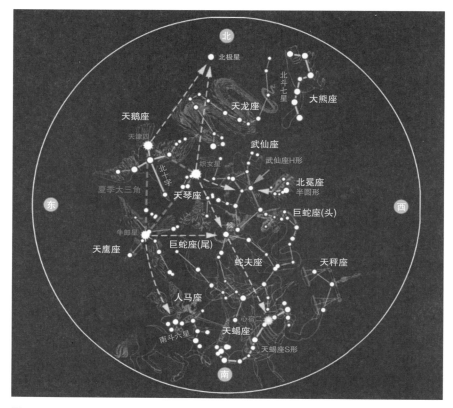

图2.10-2　夏季星空

排列似斗，称为"南斗六星"。人马座有很多星团和星
云，肉眼依稀可见的有M21（5.9^m）、M22（5.1^m）、M23
（5.5^m）、M24（4.5^m）、M25（4.6^m）等。

蛇夫座之南是令人瞩目的天蝎座，最亮的是天蝎
座α（大火，又名心宿二，0.92^m）。它是我国古代确定
季节的最主要观测对象，"日永，星火，以正仲夏"（白
昼最长那天，以观测大火出现在正南方的时间，作为考
定仲夏的依据）。大火是已知的最大红超巨星，其直径
约为太阳直径的1 400倍，距离我们约520光年。它又
是双星，伴星（5.5^m）与它角距为2.59″。天蝎座之西
是天秤座，天秤座α（氐宿一）几乎在黄道上，实际上
是视位置很近的两颗星（2.75^m，5.15^m）。天蝎座之西还

有南冕座，跟北冕座遥相呼应。它们之南的天坛座、望远镜座、矩尺座、豺狼座都没有很亮的恒星，对于我国大部分地区来说，它们因靠近地平受到大气消光减暗而很难观测到。只有半人马座 α（南门二）著名，它是三合星，视星等分别为 -0.01^m、1.33^m 和 12.4^m，前两颗的角距为 $13.8''$，第三颗是在它们西南角距 $2°$ 处，距离我们最近（约 4.22 光年）的恒星——半人马座比邻星。

夏季是观测北极星附近天龙座的最佳时期。它的较亮恒星排成半圆形，龙头接近天琴座，龙尾接近北斗的勺部。天龙座最亮的不是 α 星（3.65^m），而是 β 星（2.79^m）和 γ 星（2.23^m），但 α 星却是 5 000 年前的"北极星"（北天极离它仅 $10'$）。

夏季星空可概括为"星空歌诀"：斗指南，银灿灿，织女骑鹅会牛郎，蛇夫武仙找北冕，天蝎人马在南天。

秋季星空

秋季星空，银河斜挂，织女座和天鹅座西沉，亮星甚少，更显得云淡天高。醒目的"秋季四边形"由飞马座 α（室宿一，2.49^m）、β（室宿二，不规则变星，$2.2^m \sim 2.72^m$）、γ（壁宿一，2.83^m）和仙女座 α（壁宿二，2.06^m）组成。

四边形东边的两星（仙女座 α，飞马座 γ）连线，向南延长一倍，大致到黄道对天赤道的升交点——春分点，那里缺少标志恒星。太阳在天球上沿黄道的周年视运动中，于春分日（公历 3 月 20 或 21 日）经过春分点。

最著名的是仙女座大星云（M31）。它位于四边形的飞马座到仙女座（图 2.10-3 中的绿线）连线延长近一倍处，是北天最亮的（2.83^m）星系，距离我们约 220 万光年，与银河系同属本星系群。M31 是旋涡星系，星系盘斜对我们，角大小为 $178' \times 63'$。仙女座 γ 是双星，主星黄色、2.1^m，伴星蓝色、4.8^m。

仙女座之北是仙后座，它与大熊座分别在北极星的两侧大致等距天

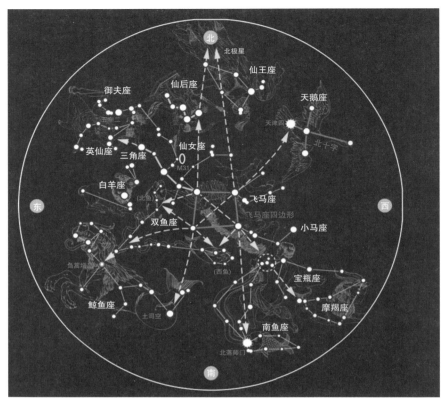

图2.10-3 秋季星空

区。仙后座的五颗亮星呈"W"或"M"形排列。从仙女座α到仙后座β（2.27^m）连线延长约一倍处，就可找到北极星。从仙后座α（2.23^m）到κ（4.16^m）连线延长五倍处，也可找到北极星。仙后座γ是不规则变星，视亮度变化于$1.6^m \sim 3^m$，在望远镜中还可看到与它角距$2''$的8.8^m伴星。

仙后座之西是仙王座，缺乏亮星，最著名的是仙王座δ（造父一），视亮度以约5天的周期变化于$3.48^m \sim 4.37^m$，是典型的"造父变星"，具有"周光关系"——光变周期越长与光度（辐射总功率）越大的关系，可用于求出距离。例如，观测到M31内的造父变星而推算出距离，成为M31是银河系之外的星系的有力证据。仙王座μ是红巨星，因色红而称"石榴星"，其亮度以几个月或数年为周期、变化于$3.7^m \sim 5.0^m$。

仙后座之东是英仙座，由三列星组成。英仙座α（天船三）是1.79^m的正常星。英仙座β（大陵五）是最早发现的食变星，是由亮的主星和暗的伴星组成的双星，在相互绕转中发生掩食而合亮度变化于 $2.1^m \sim 3.3^m$，光变（也是绕转）周期为2.867天。银河在英仙座段较暗，因而用望远镜可看到较亮的星团和星云。M34是5.2^m的疏散星团，M76是行星状星云，NGC 869（英仙座h）和NGC 884（英仙座χ）是著名的双（疏散）星团，NGC 1023是透镜状椭圆星系。每年11月出现著名的英仙座流星雨。

由四边形的西边（飞马座）两星连线向南延长约四倍处，可看到秋季星空南天最亮的恒星——北落师门（南鱼座α，1.15^m）。南鱼座的北邻是宝瓶座，宝瓶座东邻是鲸鱼座，介于它们和飞马座之间的是双鱼座。这四个星座都缺乏很亮的恒星，但也有几个特别有趣的天体，例如，鲸鱼座o（刍藁增二），又名Mira（奇妙），是刍藁型变星的代表，特征是很长周期内亮度会发生很大幅度的变化，视亮度在332天变化于$2^m \sim 9^m$。双鱼座的东邻是白羊座，而宝瓶座的西邻是摩羯座。肉眼可看出摩羯座α有两颗星，实际上它们只是投影方位靠近，没有物理联系（距离我们远近差别很大），然而它们每颗星本身都是双星，α1的两子星亮度分别为4^m和9^m、角距为$45''$，α2的两子星亮度分别为3.5^m和11^m、角距为$6.6''$。白羊座有三颗恒星较亮，α（娄宿三）的亮度为2.0^m，β（娄宿二）和γ（娄宿一）是角距为$7.8''$的同样亮（4.5^m）的双星。

白羊座、双鱼座、宝瓶座和摩羯座都是黄道星座。双鱼座和摩羯座也是赤道星座，春分点就在这两个星座交界线附近的双鱼座内。在飞马座周围还有三角座、小马座、海豚座等较小星座，且缺少亮星。

秋季星空可概括为"星空歌诀"：斗西指，抬头看，二仙（仙女、仙后）飞马迎仙王，宝瓶放出四条鱼（双鱼、南鱼、鲸鱼），白羊摩羯两边拦。

冬季星空

冬季星空，众多亮星辉映，蔚为壮观。最引人注目的是高悬南天的猎户座，夹在两颗亮星——猎户座α（参宿四，$0.06^m \sim 0.75^m$，红色，距离我们约600光年）和β（参宿七，0.12^m，蓝白色，距离我们约850光年）之间的一串"三星"——δ（参宿三，2.23^m）、ε（参宿二，1.70^m）、ζ（参宿一，2.05^m）。猎户座α是周期不规则的脉动变星；它是红巨星，其直径是太阳的800倍。猎户座β是约55 000倍太阳光度的超巨星。三星之南有靠得较近的"小三星"，当中一颗称为"伐"（猎户座θ，5.36^m），看上去呈雾斑状，著名的猎户座大星云（M42及M43）就在那里。M42是银河系内的气体-尘埃云，又是复杂恒星形成区，有形成不久的年轻热星（在望远镜中可看出θ是四边形排列的四颗星——"猎户四边形"）照亮星云，有形成中的红外星及处于"襁褓"中的星胎等天体。

三星的东南显见全天最亮的恒星——天狼星（大犬座α，-1.46^m），距离我们约8.7光年。有人从天狼星视位置的周期性微小摆动推算出它是双星，后来果然发现有一颗亮度8.68^{m}的伴星（天狼B），相互绕转轨道周期为49.9年。其东北约20°的亮星是南河三（小犬座α，0.38^m），距离我们约11.4光年，它也有一颗白矮星伴星（10.8^m）。天狼星、参宿四、南河三组成"冬季大三角"，淡淡的银河从中间穿过。

小犬座北邻双子座，那里的亮星是北河三（双子座β，1.14^m，距离我们约35光年）和北河二（双子座α，1.58^m，距离我们约46光年）。北河二实际上是三对双星组成的六合星，其中A最亮，是一对大小和亮度都相同的双星，B也是一对亮度相同（2.92^m）的双星，A和B的角距为3.9″，C离它们角距72.5″，是9^{m}的一对红矮星。双子座ζ（井宿七）是亮度变化于3.6^m～4.2^m、周期为10.5天的造父变星。黄道最北点——夏至点就在双子座的西边界，每年夏至（6月21或22日）经过那里。

在"三星"北约45°，可以看到亮星五车二（御夫座α，0.08^m，距离我们约43光年）。御夫座的主要亮星组成五边形。五车二旁的御夫座ε（柱一）是吸引人的食变星之一，两子星的相互绕转周期为27年多，由于交食而亮度变化于2.94^m～3.83^m。它南面的柱二（御夫座ζ）也是食变星，两子星的相互绕转周期为40天，由于交食而亮度变化于5.0^m～5.6^m。

御夫座与猎户座之间有金牛座，最亮的是毕宿五（金牛座α，

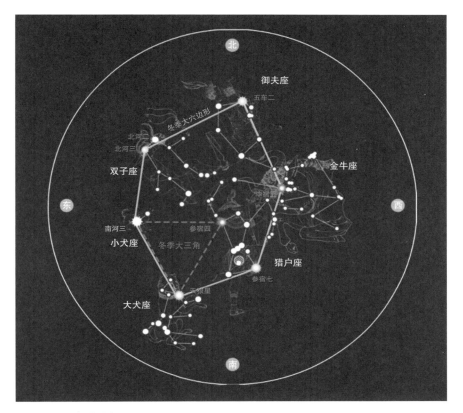

图2.10-4 冬季星空

0.86^m，距离我们约65光年），其西呈"V"形排列的一群星都属于毕星团，是距离我们最近的（约150光年）疏散星团之一，包括约350颗星。它西北约15°是最著名的昴星团，肉眼至少可看到六颗星，实际上是包含200多颗星的疏散星团，距离我们约420光年。

猎户座南邻是天兔座，范围小，有四颗较亮星——天兔座α（2.58^m）、β（2.84^m）、γ（3.60^m）、δ（3.60^m）排成小四边形。天兔座西邻是波江座，一些星大致排成蜿蜒曲线，亮的仅是两端的波江座α（水委一，0.46^m，我国南方才可看见）和β（玉井三，2.45^m）。

冬季星空可概括为"星空歌诀"：斗指北，最壮观，猎户斗牛波江边，大小二犬追天兔，双子御夫河边观。

11 太阳的周年视运动 与黄道星座

　　"坐地日行八万里，巡天遥看一千河"，地球既有自转运动，又有绕太阳的公转运动。运动总是相对于某种参考系而言的。自古以来，人们注意到太阳（相对于地球某种参考系）不仅有每天东升西落的**周日视运动**，还有每年相对于遥远众恒星（参考系）的循环运动——**周年视运动**。实际上，太阳的周日视运动是地球自转的反映，太阳的周年视运动是地球绕太阳公转的反映。

　　由于地球大气散射太阳光而造成白昼天光很亮，人眼看不见太阳的视方向附近的背景恒星；只有在日全食时，天光暗淡了，才可以看到背景的一些亮恒星，从而确认背景星空。但是，夜晚很容易观测到与太阳的视方向相反的星空，从而可以确定太阳相对于遥远背景恒星

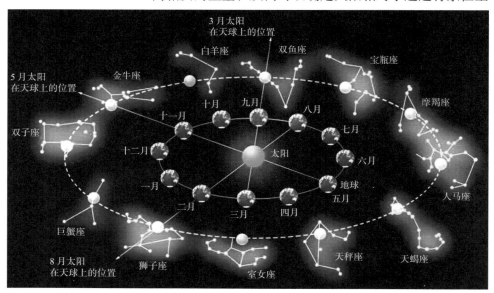

图2.11-1　在地球绕太阳公转中，地球上看到的黄道星座循环变化

的周年视运动。太阳周年视运动依次经过天球上十二个黄道星座附近。例如，3月份太阳位于双鱼座附近，地球上夜间看到反向另一侧的室女座；5月份太阳位于金牛座附近，地球上夜间看到另一侧的天蝎座；8月份太阳位于狮子座附近，地球上夜间看到另一侧的宝瓶座；10月份太阳位于天秤座附近，地球上夜间看到另一侧的白羊座；12月份太阳位于人马座附近，地球上夜间看到另一侧的双子座。

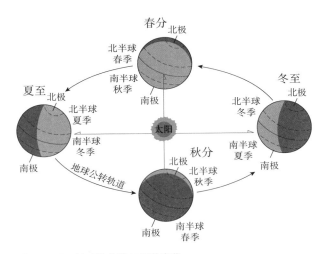

图2.11-2　地球的公转与季节变化

地球公转轨道面（黄道面）交天球的大圆称为**黄道**。黄道面对赤道面的倾角（简称黄赤交角）现在为23° 26′ 21.45″，一年中太阳赤纬变化于 ±23° 26′ 21.45″ 之间。在公转中，作为第一近似，地球自转轴是平动的，保持空间方向不变。当地球北半球倾向太阳时，太阳的赤纬大，太阳每天照射北半球的时间长，昼长夜短，气温高，北半球为夏季，南半球则为冬季；过了半年，地球公转到太阳另一侧，南半球倾向太阳，太阳每天照射南半球的时间长，南半球为夏季，北半球则为冬季。太阳赤纬为0°（春分，秋分）时，太阳光直射地球赤道，除了两极，其他地方昼夜等长。在地球北半球的夏季，北极地区太阳总在地平之上而不落，因此总是白昼而没有黑夜；相反，此时南极地区是冬季，太阳总在地平之下，从而总是黑夜而没有白昼。在地球北半球的冬季，北极地区太阳总在地平之下，因此总是黑夜而没有白昼；相反，此时南极地区是夏季，太阳总在地平之上而不落，从而总是白昼而没有黑夜。

依据地球绕太阳公转轨道运动的规律，现在可以确切地推算出地球上各地特别是大城市每天的日出和日落时间，预先发表在《天文年历》上。这样，在天安门广场每天就可以在准确的北京日出时间举行升国旗仪式。

在每天的日出前和日落后，由于地球的高空大气散射太阳光而天空还相当亮，这种现象称为**晨昏蒙影**，日出前的叫作**晨光**，日落后的叫作**昏影**。太阳中心在地平下6°时，称为民用晨光始或昏影终。晨光前或昏影后，天光暗淡，需要开灯照明。太阳中心在地平下18°时，称为天文晨光始或昏影终，这时天光完全暗了，暗星显现，一般在昏影到晨光这段晴夜时间进行天文观测。

12 月球的视运动 与月相圆缺变化

月球绕地球转动的同时，又随地球绕太阳公转。月球绕地球转动的轨道面称为**白道面**。白道面与黄道面的交角为5.145°，以周期173日变化±9′。月球绕地球转动的轨道是半长径为384 401千米、偏心率为0.054 9的椭圆，月地距离变化于356 400千米（过近地点时）至406 700千米（过远地点时）。

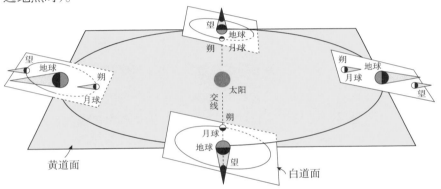

图2.12-1 月球绕地球转动的同时，又随地球绕太阳公转

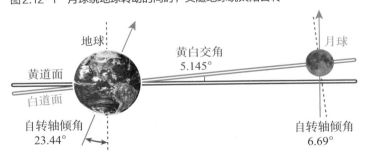

图2.12-2 黄白交角示意图

月球在天球上相对于众恒星的视运动很显著。月球除了有周日视运动外，由于它围绕地球每个月转一圈，地球上的观测者还看到它自西向东在星座之间移动。因为白道很靠近黄道，月球每个月在天球上的视运动情况与太阳的周年视运动类似。月球的这种运动引起月球赤

经、赤纬和黄经、黄纬的不断改变，使月球的周日视运动轨迹发生相应的变化。在一年的不同日期，在地球上看，月球的出没方位角和中天高度变化很大。月球在一年内不同月份的周日视运动轨迹也是不同的。以满月为例，在北半球的夏季，它从东南升起，在西南下落，中天高度较低，月照时间较短；在冬季，满月则从东北升起，在西北下落，中天高度较高，月照时间也较长。月球平均每天东移约13°，因而升起的时间平均每天推迟约50分钟。

按不同的基准来计量，月球的轨道运动周期有以下几种。

（1）**恒星月**，是以恒星为基准，月球沿白道视运动一圈，实际上是月球绕地球转动一圈的时间间隔，1恒星月为27.321 661天。

（2）**近点月**，是月球连续两次经过近地点的时间间隔，1近点月为27.554 55天。

（3）**交点月**，是月球连续两次经过升交点的时间间隔，1交点月为27.212 22天。

（4）**朔望月**，是月相变化的周期。它是以太阳为基准的会合运动周期，月球与太阳的地心黄经连续两次相同（朔）或相差180°（望）的时间间隔，1朔望月为29.530 588天。

苏东坡所写的脍炙人口的词句："月有阴晴圆缺，此事古难全。"表述的就是月相不以人的意愿而客观地周期变化。月相周期变化的原因有两个：一是月球、地球和太阳的周期性会合运动；二是月球本身不发射可见光，我们看到的只是月球被太阳照亮的部分。

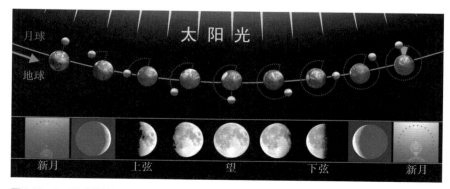

图2.12-3 月球的位相变化

在月球、地球和太阳的周期性会合运动中，当月球运行到地球与太阳之间，月球与太阳的地心黄经相同时（农历每月的初一），月球未被太阳光照亮的暗半球对向地球，"视而不见"，这时称为**朔**或**新月**。随后，月球与太阳的黄经之差逐渐增大，向东偏离太阳，日落后在西方看到月球被太阳照亮的小部分呈西弯镰刀形的**蛾眉月**。当月球与太阳的黄经之差达90°时，我们看到月球被太阳照亮半球的一半且呈半圆形，这时称为**上弦月**。其后，我们看到月球被太阳照亮的部分更多。到月球与太阳的黄经之差达180°时（农历每月十五或十六），我们可以看到月球被太阳照亮的全部半球而呈圆形，这时称为**满月**或**望**。望之后，我们看到月球被太阳照亮的部分逐渐减少，当月球与太阳的黄经之差达270°时，我们看到月球被太阳照亮半球的另一半且呈半圆形，这时称为**下弦月**，而后在黎明前看到呈东弯镰刀形的**残月**，最后回到朔或新月。经过一个**朔望月**，又开始下一次重复的月相变化。

虽然在月相变化中，我们看到的只是月球被太阳照亮的部分，但月球没有被太阳照亮的其余部分并不是完全黑暗的，仍依稀有"灰光"，用强光力望远镜就可以观测到月球的灰光部分。月球的灰光是由于地球反射少量太阳光照到了月球背向太阳的部分而产生的。

月球在天球上相对于太阳的视运动是一种**会合运动**。在朔时，月球与太阳处于地球的同一侧，月球与太阳的地心黄经相同。经过一个恒星月，地球和月球的相对位置又达到同样情况，但由于它们绕太阳公转，地球运行到新位置，月球与太阳的地心黄经相差一个角度，必须再过些时间才到黄经相同而达到"朔"。因此，朔望月比恒星月要长。

由于太阳和其他行星的引力摄动等影响，月球轨道发生复杂的变化。月球轨道半长径大约以每年3厘米的速率在增大，逆推它在12亿年前，距离地球仅18 000千米；轨道偏心率变化于1/15至1/23；白道与黄道的交角以173天的周期变化±9′；月球轨道"拱线"（即近地点与远地点连线）向东进动，约8.849年进动一圈；白道与黄道的升交点西移，约18.61年转过一圈。

13 日食和月食

　　早在我国的战国时代，天文学家石申就提出：日食和月食是由于月球和地球相互遮掩太阳光而产生的。

日食

　　日食发生于太阳、月球和地球大致在一条直线上时，即必定在农历初一"朔"且月球位于白道−黄道交点附近时。日食有三类：日全食、日偏食和日环食。**日全食**时整个太阳圆面被月球遮住。**日偏食**时仅部分太阳圆面被月球遮住。**日环食**时仅太阳圆面中间被月球遮住，而外缘仍显露。为什么会出现三类日食呢？在太阳光的照射下，月球的背侧形成太阳光不能直接照到的"本影锥"，其外围还有部分太阳光可照到的"半影锥"；此外，在本影锥会聚点之后还有延伸的"伪本影"。由于月球绕地球转动轨道和地球绕太阳公转轨道都是椭圆，月球—地球距离和地球—太阳距离都在变化，因而月球和太阳的视角径及月球影锥的情况也在变化。日食时，实际月影只扫过地球表面局部地带——日食带。地球上处在月球半影区的人只看到日偏食；处在月球本影区的人才可以看到日全食；若日食时仅伪本影（即本影锥后面的延伸）扫过地球，处于伪本影区的人则看到日环食。

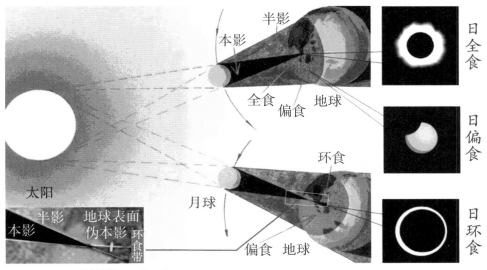

图2.13-1　月影的结构和三类日食

　　因为月球自西向东围绕地球公转，日食总是先从太阳西边缘开始向东增大被食部分。又由于月影在地球处自西向东扫过的速度（约1 000米/秒）比地球表面自转速度（赤道上也不到500米/秒）快，月影在地面上大致从西向东移动，因而地面日食带上不同地点看到日食发生的时间不同，西部比东部先见到日食。由于月球影锥在地面的截面较小，全食带的宽度仅二三百千米，日全食持续的时间很短，最长也只有7分多钟，短的仅20秒钟。月球半影扫过的地区只能看到日偏食。

　　日全食的整个过程有五个特殊象。（1）初亏，月球东边缘与太阳圆面西边缘外切时称为初亏，日食开始，而后被食部分逐增。（2）食既，月球西边缘与太阳圆面西边缘内切时称为食既，日全食开始。（3）食甚，月球中心离太阳圆面中心最近时称为食甚。（4）生光，月球与太阳圆面的东边缘内切时称为生光，日全食结束，而后被食部分逐减。（5）复圆，月球西边缘与太阳圆面东边缘外切时称为复圆，日食过程全部结束。

日环食也有相应的五个特殊象。日偏食只有三个特殊象。

日食程度以**食分**表示，其值是月球角直径同太阳角直径的比值。日食的食分反应了月球掩盖太阳的程度，食分越大，太阳被掩盖的比例越高。通常，日全食的食分略大于或等于1，而日环食和日偏食的食分小于1。

图2.13-2 日全食过程摄像

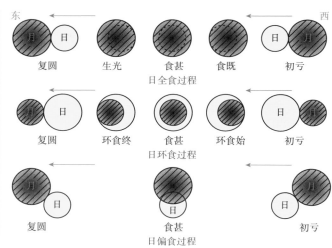

图2.13-3 日食的过程

日全食的景观非常壮观。从初亏起，日轮逐渐变为弯月状，天色变暗，仿佛夜晚来临，飞鸟归巢。从食既开始，黑暗突然降临，月球遮住的日轮周围显现出淡红色光圈——这是太阳大气色球层，常有几处火舌状的日珥，再仔细看，日轮外呈现银灰色的光辉——这是太阳的外层大气——**日冕**。临近生光（或食既），日轮边缘突然显现珠宝般耀眼的"贝利（因他最先描述）珠"，这是明亮的日轮光辉从月轮边缘的山口穿出的缘故，令人惊叹！很多人远道奔赴日全食发生的地方，以目睹罕见的日全食景观为悦。想了解更多的日食知识，可阅读作者所著的《美妙天象——日全食》一书。

月食

东汉天文学家张衡在《灵宪》中说："故月光生于日之所照……当日之冲，光常不合者，蔽于地也，是谓暗虚，在星星微，月过则食。"即月食是地球遮挡住太阳光造成的。月食发生于太阳、地球和月球大致在一条直线上时，即必定在农历十五或十六的"望"且月球位于白道-黄道交点附近时。在太阳光的照射下，地球的背光侧形成太阳光不能直接照到的**本影锥**，其外围还有部分太阳光可照到的**半影锥**。当月球仅部分进入本影锥时就发生**月偏食**；当月球完全进入本影锥时就发生**月全食**；当月球仅经过半影锥时，只是被部分太阳光照射而发生半影月食，月球仅变暗一些，一般不称作月食。

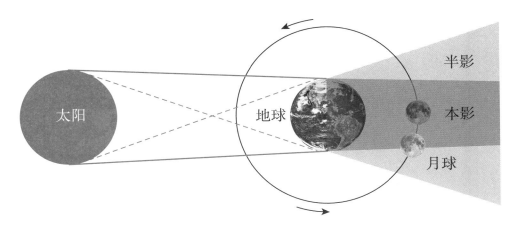

图2.13-4 月食发生在月球进入地球影锥时

由于月球自西向东相对于太阳视运动，所以总是月球东边缘先进入地球影锥，被食部分逐渐增大。由于地球本影锥在月球轨道处的直径大约是月球直径的2.5倍，月全食可持续一二小时，而月全食前后的月偏食时间更长。由于月食是月球进入地影的现象，所以朝向月球的半个地球上的人们可同时看到月食。

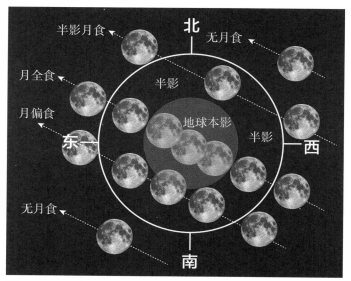

图2.13-5 月食的过程

　　月全食的整个过程有五个特殊象。（1）初亏，月球边缘与地球本影锥第一次外切时称为初亏，月食开始，而后被食部分逐增。（2）食既，月球边缘与地球本影锥第一次内切时称为食既，月全食开始。（3）食甚，月球中心离地球本影轴最近时称为食甚。（4）生光，月球与地球本影锥第二次内切时称为生光，月全食结束，而后被食部分逐减。（5）复圆，月球边缘与地球本影锥第二次外切时称为复圆，月食过程全部结束。

　　月全食时，月轮并不完全黑暗，只是比满月暗得多，依稀可见铜红色的月面特征。这是因为地球大气折射的太阳光照到地影中的月球，称为**地照**。

　　月食程度以**食分**表示，其值是地球本影角直径同月球角直径的比例。月食的食分反映了月球被地球遮盖的程度。月全食的食分略大于1或等于1，月偏食的食分小于1。

日食和月食发生的规律

日食和月食是因地球和月球相对于太阳的会合运动而发生的交食现象。地球和月球的运动都是有规律可寻的，因而日食和月食的发生时间和情况是可以推算和预报的。当然，推算日食和月食是很复杂的，这里仅简介一些有趣结果。

一年内可能发生多少次日食和月食呢？对全地球而言，一年内最多发生7次交食，最少发生2次日食。例如，1935年发生5次日食和2次月食，1919年和1982年都发生4次日食和3次月食，1980年只发生2次日食而没有月食。发生7次交食的年份很少，一般是一年发生日食和月食各2次。由于日食带范围不大，仅在月影扫过地球的局部地区可看到日食。就久居某一地方的人而言，甚至一生中都看不到日全食。但月食却是半个地球都可看到。因此，虽然对全球来说日食次数比月食多，但实际上人们看到月食的机会比日食多。

古代巴比伦人发现日月食发生的近似周期，称为**沙罗周期**（"沙罗"是重复的意思），它的长度为6 585.32天（223个朔望月），即在此周期后会发生另一次类似的日食。我国古代也提出过类似的日月食规律，如汉代的《太初历》记载的交食周期为135个朔望月（3 986.63天）。近代，美国天文学家纽康从天体力学推算的交食"纽康周期"为358个朔望月（10 571.95天）。

14 行星的视运动及有关天象

　　由于地球自转，人们观测到行星呈现东升西落的周日视运动。而且，由于地球和行星在各自轨道上绕太阳公转，从而行星呈现出在天球上的复杂视运动。相对于地球轨道而言，轨道半径小的水星和金星称为**内行星**，轨道半径大的火星、木星、土星、天王星、海王星称为**外行星**。从地球上观测，内行星和外行星还呈现相对于太阳及遥远恒星的视位置长期变化的不同视运动天象。

内行星的视运动及其解释

　　从地球上观测，由于内行星的轨道比地球轨道小，它们与太阳的角距离总是在一定范围内变化。实际上，由于地球和内行星各自在不同轨道上绕太阳公转，我们观测到的是"会合运动"。

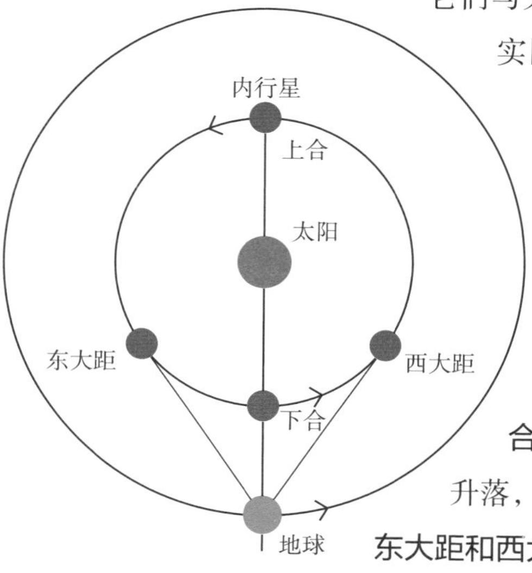

图2.14-1　内行星的视运动

　　上合和下合。内行星和太阳的地心黄经相同时称为**合**，内行星介于太阳和地球之间时称为**下合**，内行星和地球分别在太阳两侧时称为**上合**。内行星在合及其附近时与太阳同时升落，在强烈太阳光照射下很难看到它们。

　　东大距和西大距。上合之后，内行星向太阳东侧运行，成为昏星，与太阳的角距逐渐增大，达最大角距时称为**东大距**。下合之后，内行星向太阳西侧运行，成为晨星，与太阳的角距逐渐增大，达最大角距时称为**西大距**。显然，内行星在大距时与日、地构成直角三角形，内行星与太阳的最大角距 θ_{max} 取决于它的日心距 r_p 和地球的日心距 r_e，$\sin\theta_{max} = r_p / r_e$。由于行星轨道是椭圆，水星的 θ_{max} 为 $18° \sim 28°$，金星的 θ_{max} 为 $45° \sim 48°$。

顺行、逆行和留。由于内行星和地球各自在自己的轨道上绕太阳公转，且它们的轨道面有一定夹角，地球上观测到内行星相对于恒星的视运动就呈现出（上合前后）向东**顺行**、（下合前后）向西**逆行**，以及顺逆转折时的**留**，视运动路径呈打折圈的形状。

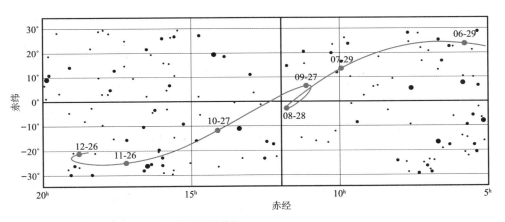

2.14-2　水星在2016年6～12月的视运动路径

位相变化。由于我们只看到行星被太阳光照射的部分，与月相的圆缺变化类似，内行星在视运动中也呈现位相变化，特别是金星的位相变化相当显著。

凌日。若内行星在下合时又恰在黄道面附近，地球上就可以看到它从太阳圆面前经过，日面上出现一个移动的小黑点，这称为**凌日**。平均每世纪发生13次水星凌日（例如，近几次发生在2003年5月7日、2006年11月9日、2016年5月9日、2019年11月11日，未来两次将在

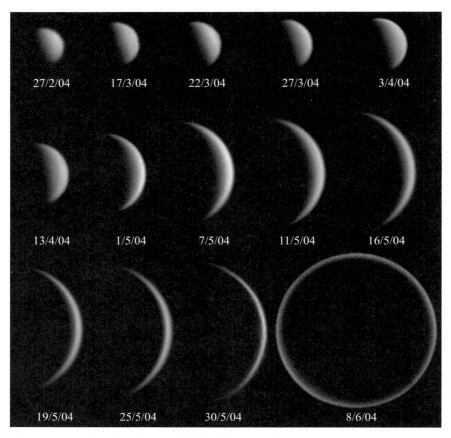

图2.14-3　金星在2004年2～6月的位相和视大小变化

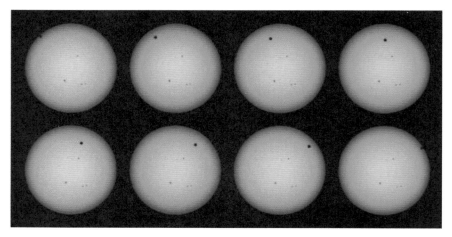

图2.14-4　2012年6月6日的金星（上部右移黑圆斑）凌日过程，小暗斑是太阳黑子

2032年11月13日、2039年11月7日），而金星凌日更少
（最近两次发生在2004年6月8日和2012年6月6日，未
来两次将在2117年12月11日和2125年12月8～9日）。
内行星凌日是一种稀奇天象。罗曼诺索夫观测1761年的
金星凌日而证明它有大气，并曾观测日面黑点来寻找水
星轨道之内的行星，但至今没有发现。

外行星的视运动及其解释

由于外行星的轨道大于地球轨道，外行星的视运动
除了有类似内行星视运动的顺行、逆行、留和折圈路径
等特征外，还有一些差别。即，外行星视运动中只有**上
合**，而没有**下合**；它们与太阳的角距变化很大，但没有
大距限制；它们没有**凌日**及明显的位相变化。

冲日。外行星与太阳的地心黄经相差180°时，称
为**冲日**或**冲**。在冲日附近，外行星离地球近，整夜可
见，是有利的观测时期。由于地球和外行星的轨道都是

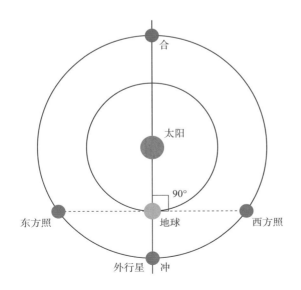

图2.14-5　外行星的视运动

椭圆，外行星与地球的距离在每次冲时不同，距离最小时的冲称为**大冲**。火星大冲每15年或每17年发生一次。

火星近年的冲发生或即将发生在2001年6月14日、2003年8月29日（大冲）、2005年11月7日、2007年12月25日、2010年1月30日、2012年3月4日、2014年4月9日、2016年5月22日、2018年7月27日（大冲）、2020年10月14日、2022年12月8日、2025年1月16日、2027年2月19日、2029年3月25日。

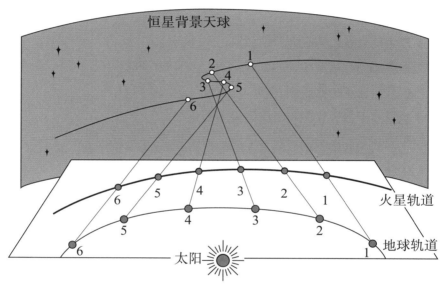

图2.14-6 火星的视运动

木星近年的冲发生在2011年10月29日、2012年12月3日、2014年1月6日、2015年2月7日、2016年3月8日、2017年4月8日、2018年5月9日、2019年6月10日、2020年7月14日。

方照。外行星与太阳的地心黄经相差90°时，称为**东方照**；相差270°时，称为**西方照**。东方照时，外行星在太阳之东，外行星在日落时中天，上半夜可观测。西方照时，外行星在太阳之西，外行星在子夜东升，后半夜可观测。

《天文年历》上载有行星的合、冲、大距、方照、凌日及合月（与月球的黄经相同）、被月掩等情况的预报。

行星的会合周期

地球和其他行星在各自的椭圆轨道上绕太阳公转，应该相对于遥远的恒星背景来计量公转一周的时间间隔——**公转周期**，因而也常称为**恒星周期**。地球上观测到的是行星公转和地球公转的复合运动，常称为**会合运动**。地球上观测到行星的连续两次上合或冲的时间间隔称为**会合周期**，它不同于**恒星周期**。

以 E 和 P 分别表示地球和行星的公转恒星周期，则对于外行星，会合周期 $S=EP/(P-E)$；对于内行星，$S=EP/(E-P)$。地球和水星的会合周期为 115.88 天，地球和金星的会合周期为 583.92 天，地球和火星的会合周期为 779.94 天，地球和木星的会合周期为 398.88 天，地球和土星的会合周期为 378.09 天，地球和天王星的会合周期为 369.66 天，地球和海王星的会合周期为 367.49 天。

三、太阳系概念与天体力学的建立

从地心说到日心说，从行星运动定律到引力定律和
天体力学建立，从望远镜观测到飞船探测，新发现不断
开拓着太阳系的奇妙视野。

1 托勒密与地心说

图3.1-1 托勒密

托勒密（约90—168），古希腊著名的天文学家、地理学家、光学家、数学家和占星家。他出生于埃及的一个希腊化城市——赫勒热斯蒂克，于127年到亚历山大求学，阅读了很多书籍，并且学会了天文测量和大地测量。他曾长期居住在亚历山大城，写了一系列科学著作，包括《天文学大成》《天文集》《地理学》和《光学》等，对伊斯兰世界和欧洲的科学发展有很大影响。

托勒密所著的《天文学大成》共十三卷，总结了希腊古天文学的成就，达到了500年的希腊天文学和宇宙思想的顶峰，是当时的天文学百科全书。本书观点主宰世界长达13个世纪，书中阐述了**宇宙地心体系**（即**地心说**）。托勒密继承了亚里士多德的地心说，认为地球静止地位于宇宙中心，并利用前人积累的和他自己长期观测得到的数据，延续亚里士多德的九层天图像，月球和各行星都绕着一个较小的"本轮"圆周匀速转动，各本轮的圆心则在以地球为中心的"均轮"圆周上匀速转动，只有太阳在"均轮"匀速转动。同时，他假设地球并不恰好在均轮的中心，而是偏开一定的距离，均轮是一些偏心圆；水星和金星的本轮中心位于地球和太阳的连线上；火星、木星和土星每年各绕其本轮中心转一圈，且它们和本轮中心的连线总是与地球和太阳的连线平行。日月行星除做上述轨道运行外，还与众恒星一起，每天绕地球转动一圈。

在当时观测精度不很高的情况下，托勒密宇宙结构的数学图景较好地解释了当时观测到的行星运动情况，并且取得航海的实用价值，有其历史功绩。托勒密本人声称他的体系并不具有物理的真实性，只是一个计算天体位置的数学方案。因为他否认上帝，所以直到1215年教会还禁止讲授他的理论。直到千年后，教会才把地心说作为统治的理论工具和教条。到14～15世纪，随着观测精度的提高，托勒密体系计算出的行星位置越来越不符合观测情况，尽管采用本轮套均轮的方法来修补，但直到本轮与均轮总数达80多个，仍然无法符合观测。地心说只是由于教会的维护而苟延残喘，最终被哥白尼的日心说取代。

《天文集（占星四书）》是《天文学大成》的姊妹著作，研究天文周期对凡尘俗世的各种事件所造成的影响，是星占学中一个重要的理论与运用典籍。

除了在天文学方面的造诣，托勒密在地理学上也取得了出色成就。他认为，地理学的研究对象应为整个地球，主要研究其形状、大小、经纬度的测定及地图投影的方法等。他制造了测量经纬度用的类似浑天仪的仪器（星盘）和后来驰名欧洲的角距测量仪。托勒密有地理学著作八卷，其中六卷都是用经纬度标明的地点位置表。但是，他用弧度表现的陆向距离都被夸大了，最后还导致哥伦布企图从西面驶往亚洲。

托勒密所著的《光学》包括五卷。其中，第一卷讲述眼与光的关系，第二卷说明可见条件、双眼效应，第三卷讲述平面镜与曲面镜的反射及太阳中午与早晚的视径大小问题。在第五卷中，托勒密试图找出折射定律，并描述了他的实验，讨论了大气折射现象。

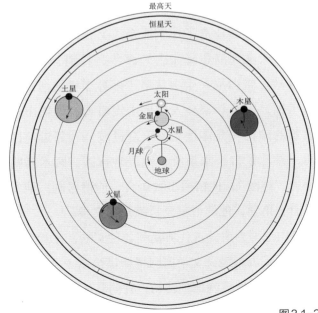

图3.1-2 托勒密地心说简图

2 哥白尼与日心说

图3.2-1　哥白尼

哥白尼（1473—1543），欧洲文艺复兴时期一位多才多艺和学识渊博的巨人。他在其不朽的名著《天体运行论》中创立日心说，向教会统治的神学理论基础——地心说挑战。正如书中"Revolution"一词有运行（绕转或公转）和革命的双关意思，该书成为人类认识宇宙的革命性里程碑，开始把自然科学从神学中解放出来。

　　1473年，哥白尼出生在波兰的托伦市。10岁时因父亲去世，他由舅父瓦兹洛德大主教抚养。1491年，哥白尼进入波兰的克拉科夫大学学习，较早地受到文艺复兴的影响，尤其是受到数学和天文学家布鲁楚斯基教授的启蒙，他立志于研究天文学。1496年，哥白尼赴意大利留学，先后就读于波伦亚大学、帕多瓦大学和法拉腊大学，攻读法律、神学、医学、数学和天文学，有幸结识文艺复兴的名家达·芬奇，并拜敢于挑战旧观念的天文学家德·诺瓦拉为师，学到天文观测技术及希腊的天文学理论。1506年，哥白尼回到波兰，担任舅父的医生和秘书，兼任修道院神甫。1512年，舅父去世，他到弗隆堡大教堂任职，在教堂的箭楼上用自制仪器建造了一个业余天文台，从此孜孜不倦地从事天文观测和研究达30多年，直到1543年5月24日病故。哥白尼一生中从事了多种多样的活动。他热爱祖国，曾领导家乡人民抗击侵略者；他提出过币制改革的理论和具体计划，绘制过波兰和邻近地区的地图，设计了自来水系统；他经常行医，医术高明而被誉为"神医"；他精通多种语言，能诗善画；他发展了球面三角学，他的最重要贡献是天文学。

　　哥白尼努力研读古代典籍和各种文献，在意大利期间就熟悉了古希腊天文学家阿里斯塔恰斯（公元前3世纪）提出的"地球绕地轴转动，并同其他行星一起绕太阳转动"的朴素日心说观点。通过几十年认真刻苦的观测、计算、分析，哥白尼以大量事实创立了日心说。他在1506～1515年间着手写作《天体运行论》，1539年完成原稿的修订。但由于一直有教会势力责难他，他担心受迫害而对该书的出版迟疑不决，直到1541年才在好友的支持和帮助下将该书出版。当1543年5月24日印好的样书送到时，久病的哥白尼已处于弥留之际，他用无力的手摸着书本，与世长辞。实际上，当时为了出版发行安全，该书伪造了前言，删减了原稿的部分内容。直到19世纪中叶人们才发现哥白尼的原稿，出版了增补了内容的新版。

《天体运行论》是一部长达六卷的巨著。其中，第一卷论述了太阳居于宇宙的中心，地球和其他行星都绕太阳运行；第二卷论述了地球的自转，指出地球是绕太阳运转的一颗普通行星，它一方面绕地轴自转，一方

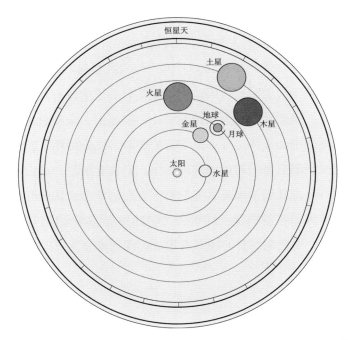

图3.2-2　哥白尼日心说简图

面又沿自己的轨道绕太阳公转；第三卷论述了岁差；第四卷论述了月球的运行和日月食；第五、六卷论述了水星、金星、火星、木星和土星五大行星。主要论证的内容有：地球不是宇宙的中心，只是月球绕转运动的中心，同时，地球带着月球绕太阳公转；太阳是宇宙的中心，地球和其他行星各自沿着自己的轨道绕太阳公转，按照到太阳的距离由近及远，依次为水星、金星、地球、火星、木星、土星；更远的就是恒星天球；天穹的周日旋转是地球每天自转一周的反映；太阳的周年视运动不是其本身的运动，而是地球每年绕太阳公转一周的反映；其他行星的顺行、逆行等现象，可用地球和行星绕太阳公转的相对运动来解释。

虽然该书出版后很少被人注意，但是它推翻了上帝创造世界的教义所依据的地心说，因此受到教会方面的抵制。后来，经过科学家伽利略等人的大力宣传，日心说日益深入人心，并危及了教会的统治。罗马教皇于1616年把该书列为禁书。宗教裁判所不许伽利略再宣传哥白尼学说，并在1633年判决终身监禁伽利略。

由于历史时代所限，哥白尼的日心说中也有两个错误：一是把太阳作为宇宙的中心，实际上，太阳只是太阳系的中心天体，并不是宇宙的中心；二是沿用了行星在圆轨道上做匀速运动的旧观念。但重要的是，哥白尼的日心说开创了天文学和人类宇宙观的革命，从此开始形成太阳系的概念，随后天文学的发展获得重大进展。因此，哥白尼的日心说具有重大而深远的意义。

3 开普勒与行星轨道运动三定律

1571年，开普勒出生于德国威尔德斯达特镇的一个贫民家庭，因早产而体质很差，四岁时患天花和猩红热，身体受到严重摧残，视力衰弱，一只手半残。1587年，他在读书时受到天文学教授马斯特林的影响，开始信奉哥白尼的学说。获得天文学硕士学位后，他受聘到格拉茨神学院当教师。1596年，开普勒出版著作《宇宙的神秘》。1599年，被称为"星学之王"的第谷看到这本书，十分欣赏开普勒的智慧和才能，立即写信邀请开普勒做自己的助手。1600年，开普勒来到第谷身边，师徒朝夕相处，结成忘年交。1601年，第谷逝世，把所有的天文观测资料赠给开普勒，寄托厚望，留下重要告诫："一定要尊重观测事实！"开普勒继续编制星表，研究行星的轨道。1604年，他观测研究超新星SN1604，发表《蛇夫座脚部的新星》，该颗超新星被命名为"开普勒超新星"。1609年，开普勒发表了关于行星运动的两条定律，1618年，又发现了第三条定律，后被统称为开普勒定律。1627年，他的《鲁道尔夫星表》问世，成为当时最准确的星表。他的主要天文学著作还有《对威蒂略的补充，天文光学说明》《新天文学》《折光学》《宇宙和谐论》《哥白尼天文学概要》。

作为科学发展开拓的勇士，开普勒的一生是在艰苦条件下度过的。连年战争，长期漂泊，生活贫困，以及来自教会的迫害，不断地困扰着他。在花甲之年，开普勒在讨要宫廷20余年欠薪的途中不幸感染伤寒，于

图3.3-1　开普勒

开普勒（1571—1630），德国天文学家、数学家。他是17世纪科学革命的关键人物，最著名的成就是发现了行星运动的三大定律——开普勒定律，该定律成为天文学发展中的又一个里程碑，促成了数十年后万有引力定律的发现。他被称颂为"天空立法者"。

1630年11月15日去世。

开普勒是怎样发现行星运动三定律的？开普勒继任第谷的工作后，任务是编制符合第谷大量准确观测记录的行星运行表。他需要解决两个问题。一是观测记录只是从运动的地球上看到的行星相对于恒星视运动的一系列位置，用什么方法可以像"天外"看行星绕太阳运行一样，定出行星（包括地球）运动的真实轨道呢？二是分析行星运动遵循什么样的数学定律。

开普勒首选火星轨道进行研究，因为其观测数据多而准确，又恰巧其运行与哥白尼理论的差别最显著。起初，他仍多次尝试按照传统的本轮和均轮圆来探求火星的轨道，但无论是托勒密的、哥白尼的，还是第谷的理论，都不符合准确的观测数据，差别达0.133°——就是探索这一差别的过程产生了最大的天文学变革。开普勒大胆地扬弃古旧传统的均匀圆周运动的偏见，尝试用几何曲线来表示火星的轨道，最终确定出火星的轨道是椭圆。他认为行星运动的焦点应当在施引的中心天体——太阳，并推断火星运动速度是变化的，其变化应当与火星到太阳的距离有关。当火星在轨道运动中接近太阳时，速度加快；远离太阳时，速度减慢。开普勒终于通过巧夺天工的研究，得出了从火星到行星运动都适用的两条定律，并公布在他的《新天文学》一书及《论火星运动》一文中。

开普勒第一定律（也称椭圆定律、轨道定律）：所有行星分别在大小不同的椭圆轨道上运动；太阳的位置不在轨道中心，而在椭圆轨道的两个焦点之一。

开普勒第二定律（也称面积定律）：在相等的时间内，太阳到行星的连线在其轨道平面上所扫过的面积相等。

开普勒并不满足已经取得的成就，他相信行星系

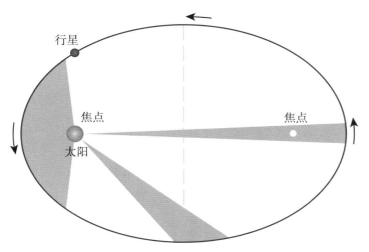

图3.3-2 行星运动第二定律（面积定律）

统还存在着一个整体的完整定律。他认为，行星轨道运动周期与它们轨道大小之间应该是和谐的，他要找出其间的数量关系。怎样寻找这个关系呢？他面对的只是一些观测数据，要在它们背后找出隐藏的自然规律是非常艰难的，这需要智慧、毅力和耐心。历经十年的复杂计算和多次失败，开普勒终于得出这一定律，发表在《宇宙和谐论》一书中。

开普勒第三定律（也称周期定律、和谐定律）：各个行星绕太阳公转周期的平方与它们椭圆轨道的半长轴的立方成正比。

1629年，开普勒在出版的《稀奇的1631年天象》一书中，成功地预言了1631年11月7日的水星凌日（从太阳前面经过的）现象和12月6日的金星凌日现象。开普勒定律不仅适用于行星绕太阳的运动，而且可以普遍地适用于卫星绕行星的运动，从而成为牛顿运动定律的基础。

4 伽利略与天文望远镜

图3.4-1 伽利略

伽利略（1564—1642），意大利著名的物理学家、天文学家、哲学家和发明家，为维护真理而不屈的科学斗士，科学革命的先驱者。他融会贯通数学、物理学和天文学三大领域，卓有建树，增进了人类对物质运动和宇宙的认识。他推翻了依靠主观思考和纯推理方法所做的结论，开创了以实验事实为根据并具有严密逻辑体系的近代科学。因此，他被称为"近代科学之父"。

1564年，伽利略出生于意大利的比萨市。17岁时他到比萨大学学医，却对医学缺乏兴趣，用闲暇时间选修数学并被深深吸引，不久就转到数学系。他开始对哲学家干涉科学的态度不满，认为科学应当立足于实验。1581年，还是大学生的他看到教堂里的吊灯摆动，设计摆钟实验而发现了摆动周期规律。1585年，他尚未取得文凭就离开大学，回到家乡，通过为朋友的子女讲课而赚取生活费，并投注于自学及实验，继续自己的数学和物理学研究。他写了《流体力学》，开创了其事业的个人风格。他有时以说故事的方式讲述他的发现，有时以讽刺喜剧的形式说明他的观念，受到高等教育人士和好奇读者的欢迎。1589年，他被推荐为比萨大学的数学教授。1590年，他写成《运动论》一书。他坚称亚里士多德所说的"物体降落因不同重量而产生不同的速度"是错误的，并以实验证明了"所有物体都以相同的速度落下"——**自由落体定律**。1592 ～ 1610年，他在帕多瓦大学执教几何、机械和天文课程。其间，由于那里的学术思想比较自由，他在物理学和天文学等基础科学与应用科学领域都取得了重大突破。他发现了**物体惯性定律**——未感受到外力作用的物体就保持其原来的静止或匀速运动状态、**摆振动的等时性**和**抛体运动定律**，并确立了伽利略相对性原理——力学规律在所有惯性坐标系中是等价的，为牛顿运动定律奠定了基础。

1597年，伽利略收到开普勒赠阅的《宇宙的神秘》

一书，开始相信日心说，认为地球有公转和自转两种运动。随后几年，他在威尼斯进行过几次科普演讲，宣传哥白尼学说。然而，科学与神学是不可调和的，罗马教廷先是严厉警告他，继而审讯他。1612年2月，宗教裁判所宣布不许他再宣传哥白尼的日心说。在教会的威胁下，伽利略被迫作出放弃日心说的声明，心情极其痛苦地回到佛罗伦萨，在沉默中度过好些年。但他的内心并没有放弃，而是继续进行观测和深入研究，并且更加坚信日心说。

伽利略既是勤奋的科学家，又是虔诚的天主教徒。1624年，他先后六次谒见本是故友的新教皇，力图说明日心说可以与基督教教义相协调。他说："圣经是教人如何进天国，而不是教人知道天体是如何运转的。"但教皇坚持禁令，只允许他写一部同时介绍日心说和地心说的书，但对两种学说的态度不得有所偏倚，而且都要写成数学假设性的。经过长久的酝酿构思，伽利略以三人对话的形式，客观地讨论托勒密的地心说与哥白尼的日心说，对谁是谁非进行没有偏见的探讨，写了《关于托勒密和哥白尼两种世界体系的对话》一书，并争取到许可，于1632年出版。但到该年8月，宗教裁判所下令禁售此书，10月下令他去罗马接受审判。许多人为这位病魔缠身、患严重白内障而行动不便的69岁老人说情，但教皇不允。1633年，他抱病来到罗马后就被关进牢狱。1634年，他完成《论两门新科学的谈话和数学证明》一书，阐述了物体的运动和物质的性质，启发了后来的科学研究方法。但罗马当局禁止出版此书，后由朋友秘密将此书带到荷兰，并于1638年问世。1642年1月8日，伽利略病故，享年78岁。直到300多年后，即1979年11月10日，罗马教皇才公开承认当时对伽利略的审判不公正。

伽利略自小就表现出非凡的思考、制作和观察能力，博学多才。他在素描美术学院主讲过透视法和明暗搭配法，在早期作品《小太平》

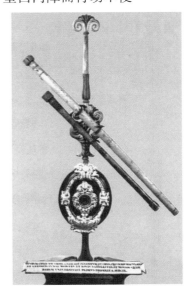

图3.4-2 伽利略望远镜（复制品）

中记载了一些他设计并改良的地理和军事两用圆规，开创了温度计制作，还设计过摆钟……其中，伽利略制作的望远镜及其在天文观测研究上取得的成就最为显著，这里略加介绍。

1609年，伽利略听说荷兰有个眼镜商人偶尔发现了用于玩赏的望远镜，但未见到实物。思考几日后，他就用风琴管和凸、凹透镜各一片制成了一具望远镜，放大率为3倍，后提高到9倍。1610年年初，他又将望远镜放大率提高到32倍，并用来观察星空，没想到惊奇的成果纷至沓来。通过观测，他绘制了月球表面的明暗高低特征，意识到月球上的亮斑与阴影组合实际是一些拓扑[1]结构，第一次将其解释为太阳光照射山脉而产生阴影，并估测了月球上山峰的高度。他发现木星有四颗卫星环绕，并测定出绕转周期，后来人们称它们为伽利略卫星。他用望远镜观测银河，发现银河是由许多恒星组成的，并测定了很多肉眼看不到的恒星的位置。1610年，他出版《星际使者》一书，震撼欧洲。接着，他又观测到金星呈现类似月球的盈亏位相变化，提出月球和其他行星所发的光都是反射太阳光。他观测太阳表面的暗斑——黑子，从黑子的移动来推测太阳自转。1610年，他用望远镜依稀看到土星两旁的附属"耳朵"，因分辨能力不够而惊奇地写下暗语："这两颗星是帮助土星寻路的仆从。"然而，1612年他发现这两颗星不见了，1616年又显现，对此他深表疑惑。实际上，这就是后来高分辨望远镜所看见的土星光环。还应指出，伽利略曾在1612年观测到海王星，并进行了记载和素描，但遗憾地没有意识到它是行星。他的这些观测研究为哥白尼日心说提供了强有力的支持，拓展了人们对太阳系及宇宙的新认识，开辟了天文学的新时代。

1 拓扑学是数学的分支，研究几何图形在连续改变形状时还能保持不变的一些特性。它只考虑物体间的位置关系，而不考虑它们的距离和大小。

5 牛顿与万有引力定律

1643年，牛顿出生于英格兰的一个自耕农家。1661年他入读剑桥大学。那时教的是亚里士多德学说，但牛顿更喜欢阅读笛卡尔等现代哲学家及哥白尼和开普勒等天文学家的先进思想著作。1665年，他发现了广义二项式定理，并开始发展一套新的数学理论，也就是后来的微积分学。随后，为躲避瘟疫，学校停课，他返回家乡。他并没有停止钻研，而是继续研究微积分学、光学和万有引力定律。1667年，牛顿获得奖学金，作为研究生重返剑桥大学。1669年，他晋升为数学教授。1672年起，他被接纳为皇家学会会员，并在1703年当选为皇家学会主席。牛顿晚年患有膀胱结石、风湿等多种疾病，于1727年3月30日去世，终年84岁。牛顿一生的科学贡献遍及数学、物理学和天文学等领域。

图3.5-1　牛顿

牛顿（1643—1727），英国著名的物理学家、数学家、天文学家、自然哲学家和炼金术士，17世纪最伟大的科学巨匠。其巨著《自然哲学的数学原理》不仅影响了300年自然科学的研究，而且对人类的思维方式产生了重要的影响。

在数学上，多数史学家都相信，牛顿与莱布尼茨（1646—1716）分别独立发明了微积分学。牛顿较早得出他的方法，但在1693年以前几乎没有发表任何内容，直到1704年才给出完整叙述。莱布尼茨在1684年发表了自己对微积分方法的完整叙述，他的笔记本中记录了他的思想从初期到成熟的发展过程，而且他创造的微积分符号与牛顿创造的并不相同。1699年年初，英国皇家学会成员指控莱布尼茨剽窃了牛顿的成果，导致激烈论战。最终英国皇家学会宣布，牛顿是微积分真正的发明者，斥责莱布尼茨剽窃。但后来人们发现，该调查评论的结语恰是牛顿本人所写的——令人汗颜！牛顿的数

学成就还有牛顿恒等式、分类立方面曲线（两变量的三次多项式）理
论等。

在物理学上，牛顿的成就和贡献更重大。1670 ～ 1672年，牛顿讲
授光学课程，研究光的折射，用三棱镜把白光分解（色散）为彩色光
谱，研究光的颜色和本性。他还得出结论：折射（透镜）望远镜因色
散而成像不良。后来，他发明了反射望远镜，现在被称为牛顿望远镜。
1704年，他在《光学》一书中提出：薄膜的折射和透射可以用光的波
动理论来解释，并提出微粒理论来解释衍射等光学现象。但现代科学认
为衍射更能体现光的波动性。后来的量子力学认为，光有波动和粒子
（光子）二重性（波粒二象性），但光子不同于牛顿所提出的微粒。

图3.5-2　白光经过三棱镜分解（色散）为彩色光谱

牛顿最主要的成就是创立了经典力学的基本体系，成为物理学史
上的第一次大综合。他发现了万有引力定律，建立了天体力学基础，
并用于推算行星等天体的轨道和未来行踪。

牛顿与苹果的故事广为流传。1665年秋，22岁的牛顿在自家院中
的一棵树下埋头读书，历史上最著名的一只苹果落了下来，打在他头
上。当时，牛顿正苦苦思索着一个问题：是什么力量使月球保持在环

绕地球运行的轨道上，以及使行星保持在环绕太阳运行的轨道上呢？看到落下来的这只苹果，牛顿思索道：为什么这只苹果会坠落到地上？正是从思考这一问题开始，他找到了问题的答案——万有引力。虽然故事中的有些描述过于夸张，但实际上，牛顿的亲友多次证实苹果落地的故事。牛顿的中学母校和剑桥大学及我国的天津大学、汕头大学等其他学校移植的"牛顿苹果树"，可能就是那棵苹果树的后代，作为牛顿探索精神和励志的象征。

图3.5-3 牛顿望远镜

1679年，牛顿重新回到力学研究，探索引力及其对行星轨道的作用，研究开普勒的行星运动定律，并将自己的成果归结在《物体在轨道中之运动》一书中，其中包含有初步的运动定律。1687年，牛顿出版名著《自然哲学的数学原理》，全书包括绪论和正文三编。

绪论有两部分。其中，"定义"给出了质量、时间、空间、向心力等定义，"运动的公理或定律"包括著名的**运动三定律**。**第一定律**：每个物体如果没有外界影响使其改变状态，那么该物体仍保持其原来静止或等速直线运动状态。**第二定律**：运动的变化与所施加的力成正比，并沿力的作用方向发生。**第三定律**：对于每一个作用力，总存在一个与之相等的反作用力和它对抗；或者说，两个物质彼此施加的相互作用力恒等，方向则恰恰相反。

正文有三编。其中，第一编"物体的运动"，研究在无阻力的自由空间中物体的运动，许多命题涉及通过受力确定运动状态（轨道、速度、运动时间等），以及由物体的运动状态确定所受的力。第二编"物体（在阻滞介质中）的运动"，研究在阻力给定的情况下物体的运动、流体力学及波动理论。第三编"宇宙系统（使用数学的论述）"，由前两编的结果及天文观测导出**万有引力定律**——任意两个质点（物体）通过连心线方向上的力相互吸引；该引力的大小与它们的质量乘积成正比，与它们的距离的平方成反比，与两物体的化学本质或物理状态及中介物质无关；并由此研究地球的形状，解释海洋的潮汐，探究月球的运动，确定彗星的轨道。

牛顿提出的"哲学推理规则"对自然科学的认识论和方法论做了简明扼要的阐述，并对后世产生了深远影响。规则有四条。第一规则：求自然事物之原因时，除了真的及解释现象必不可少的以外，不应再增加其他。第二规则：在可能的状况下，对于同类的结果，必须给以相同的原因。第三规则：物体之属性，倘不能减少亦不能使之增强者，而且为一切物体所共有，则必须视之为一切物体所共有之属性。第四规则：在实验物理学内，由现象经归纳而推得的定理，倘非有相反的假设存在，则必须视之为精确的或近于真的，如是，在没有发现其他现象将其修正或容许例外之前，恒当如此视之。

让我们记住牛顿的一句名言："如果说我所看到的比别人更远一点儿，那是因为站在巨人肩上的缘故。"请有心的读者体会这句话的深刻含义。

6 三种轨道和三种宇宙速度

　　根据天体力学，太阳系的行星等天体都在太阳的引力作用下绕它公转，它们的轨道都是圆锥曲线，而太阳位于圆锥曲线的一个焦点上。

三种轨道

　　圆锥曲线分为三种：椭圆（包括正圆）、抛物线和双曲线。在几何上，圆锥曲线可以用一个平面截一个正圆锥而得到。平面与正圆锥的轴成不同的角度，分别截出正圆、椭圆、抛物线和双曲线。圆锥曲线的形状由偏心率 e（即离心率）决定：正圆的偏心率 $e=0$，椭圆的偏心率 $0<e<1$，抛物线的偏心率 $e=1$，双曲线的偏心率 $e>1$。

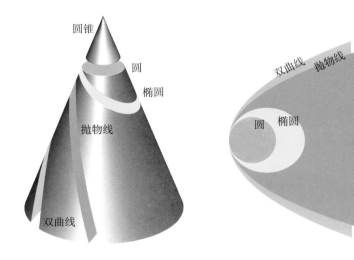

图3.6-1　三种圆锥曲线

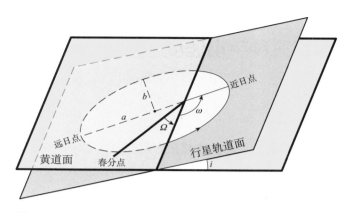

图3.6-2　行星轨道要素

行星的运动轨道是椭圆，有六个独立的轨道要素，如下所述。

（1）轨道半长径a，即椭圆的半长轴，它表示轨道的大小，常称为行星到太阳的平均距离。

（2）轨道偏心率e，即焦点到椭圆中心的距离$(a^2-b^2)^{1/2}$（b是半短轴）与半长径a之比，$0<e<1$，它表示轨道的形状。

（3）轨道（面）倾角i，常取行星轨道面对黄道面的夹角。$i<90°$时表示行星与地球的轨道运动同向。有些小行星和彗星的轨道运动方向与地球的轨道运动方向相反，这时$90°<i<180°$。

（4）升交点黄经Ω，行星轨道面与黄道面的交线称为**交点线**，行星从天球南部到北部运动经过交点线的点称为**升交点**，从太阳—春分点方向到太阳—行星升交点方向的夹角称为**升交点黄经**。轨道倾角i和升交点黄经Ω确定行星轨道面的空间位置。

（5）近日点角距ω，这是从太阳—（行星）近日点方向到太阳—（行星）升交点方向的夹角，它确定行星轨道椭圆长轴的方位。

（6）过近日点时刻τ，可取行星任何一次过近日点的时刻，由它往前后计算行星的位置。

此外，还常用另一些量表示轨道特征，但它们可以由上述六个轨道要素计算出来，例如，近日距$q=a(1-e)$，远日距$Q=a(1+e)$。

有些彗星的轨道是抛物线或双曲线，常用近日距代替轨道半长径作为它们的轨道要素。

天体力学得到准确的轨道半长径 a 与轨道运动周期 P 的关系为：$a^3/P^2 = G(M+m)/4\pi^2$，其中，G 是万有引力常数，M 是太阳的质量，m 是行星的质量，考虑到 $m \ll M$，则开普勒第三定律就是它的近似，或者说它是准确的开普勒第三定律。开普勒定律可以普遍地用于两个相互绕转的天体，而且利用准确的第三定律可以推算行星或卫星的质量。类似地，对于恒星中的双星，可由观测的绕转轨道半长径和绕转周期推算出两星的质量之和，如果还可由观测得到它们的质量比，就可推算出各星的质量。

天体力学得到行星轨道运动速度 v 随行星到太阳的距离 r 变化的公式，称为"活力公式"，$v^2 = G(M+m)(2/r - 1/a)$。由于行星轨道近于正圆，$r \approx a$，所以近似有轨道运动平均速度：$v^2 \approx GM/a$。由此可见，行星公转轨道半长径 a 越大，轨道运动平均速度越小。

三种宇宙速度

对于人造地球卫星或火箭，M 应为地球质量 $M_\oplus$，而卫星或飞船的质量 $m \ll M_\oplus$，因此，要发射卫星或火箭绕地球上空做圆轨道飞行，就必须有最小速度：

$$v_c = \sqrt{\frac{GM_\oplus}{R_\oplus}} = 7.9 \text{ 千米/秒}$$

$R_\oplus$ 是地球半径，v_c 称为**第一宇宙速度**或**环绕速度**。

要发射行星探测器，则至少应进入抛物线轨道，即 $a \to \infty$，就必须有速度：

$$v_e = \sqrt{\frac{2GM_\oplus}{R_\oplus}} = 11.2 \text{ 千米/秒}$$

v_e 称为**第二宇宙速度**或**逃逸速度**。一般人造地球卫星绕地球进行椭圆轨道运动，速度介于第一和第二宇宙速度之间。

地球绕太阳运动的平均线速度为 29.8 千米/秒。在地球轨道上，要使飞船脱离太阳引力场的逃逸速度为 42.1 千米/秒。当它与地球的运动

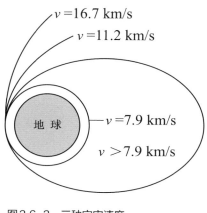

$v = 16.7$ km/s

$v = 11.2$ km/s

地 球

$v = 7.9$ km/s

$v > 7.9$ km/s

图3.6-3　三种宇宙速度

方向一致时，能够充分利用地球的运动速度，在飞船脱离地球引力场后本身所需要的速度仅为两者之差：12.3千米/秒；又因为飞船需要先脱离地球引力，所以推导得出地球表面的发射速度 $v_3 = 16.7$ 千米/秒，v_3 称为**第三宇宙速度**。总的来说，第三宇宙速度就是从地球起飞脱离太阳系飞向更广阔的宇宙空间的最低飞行速度。

定点通信卫星的轨道

当代信息网络遍布世界，主要靠定点通信卫星的快捷传输。定点通信卫星高悬在赤道上空约36 000千米处，与地面是相对静止的。实际上，这种卫星是在圆轨道上绕地球转动的，轨道周期与地球自转周期相同，因而称为**同步卫星**。定点通信卫星的高度是如何推算出来的呢？

卫星在半径 r 的圆轨道上每恒星日 P（86 164.1秒，以恒星为基准转一周所花的时间）环绕地球一周，速度为 $v = 2\pi r/P$。另一方面，由活力公式可得 $v^2 = GM_{\oplus}/r$。因此，$(2\pi r/P)^2 = GM_{\oplus}/r$，计算得出 $r = 42\,159$ 千米，减去地球赤道半径（6 378千米），得出卫星离地面高度为35 781千米。由于地球的实际引力场，通信卫星的轨道运动更为复杂。例如，1964年8月19日发射的第一颗同步卫星轨道对赤道的倾角为0.08°，偏心率为0.002 8，周期为1 436.2分。实际上，它的轨道并不是正圆，且与赤道有微小夹角，因此计算会更复杂。

原则上，只要有三颗定点卫星均匀分布在赤道上空，就可以实现全球通信（两极盲区可用其他方法转发）。实际上，各国根据需要发射了很多通信卫星，它们的使用寿命一般为十年。早期发射的定点通信卫星主要是反射地面通信台的信号，后来发射装备了调制和放大信号设备的"有源通信卫星"，并载有动力装置，可在地面中心指令下实现状态和轨道控制。

二体问题与多体问题

在前述的行星绕太阳公转轨道运动中，只考虑了太阳对行星的引力作用，这称为**二体问题**。实际上，任何一个行星不仅受到太阳的引力作用，而且还受到其他行星的引力作用。同时考虑多个天体之间相互引力作用下的运动称为**多体问题**。迄今为止，只有二体问题在理论上完全得到了解决，而多体问题还没有得到解决，但在某些特殊情况中可以得到近似解。

实际上，由于行星的质量比太阳小得多，而且它们之间的距离又很远，很容易估算出行星之间的引力远小于太阳对行星的引力，因此，在第一近似中忽略行星之间的引力，分别考虑每个行星受太阳引力的二体问题，可以得到各行星轨道运动主要的和基本的规律。在第二近似中，考虑太阳以外的其他天体引力影响，对第一近似作出较小的修正。一般把二体问题之外的所有作用力称为**摄动力**，把摄动力对二体问题所得到的轨道影响（修正）称为**摄动**。例如，在讨论卫星绕行星的轨道运动时，太阳对卫星的引力（因距离远）就比行星对卫星的引力小很多，因而把太阳引力作为摄动力。准确计算人造卫星的轨道时，地球大气的阻力及地球形状和引力场分布也是摄动力。

考虑摄动力作用时，行星轨道受到哪些影响呢？一般地说，行星轨道不再是严格的椭圆，而是近于椭圆的复杂轨道。在某一时刻（称为**历元**）附近，行星的实际轨道可以用很接近的椭圆轨道（称为**吻切轨道**）代替。在每年的《天文年历》中，给出特定历元的各行星吻切轨道要素。

7 哈雷与哈雷彗星

图3.7-1 哈雷

哈雷（1656—1742），英国天文学家、地球物理学家、数学家、气象学家和物理学家，曾任牛津大学几何学教授，第二任格林尼治天文台台长。他开拓了彗星的轨道计算，断言同一颗彗星的三次回归，并推算和预言它的下次回归并得到应验。为纪念他而把这颗彗星命名为"哈雷彗星"。

1656年，哈雷出生于英国伦敦的一个富有家庭，1673年他进入牛津大学学习，毕业前就发表了关于太阳系和太阳黑子的论文。1676年，哈雷离开牛津，去南大西洋上的圣赫勒拿岛观测南天星空。1678年，他返回英国，发表了包含341颗南天恒星详细数据的《南天星表》，被誉为"南天第谷"，并被授予牛津硕士和英国"皇家学会院士"称号。1682年后，哈雷在大多数时间里观察月球，也对引力感兴趣，试图证明开普勒定律。1684年，他去剑桥与牛顿讨论，但得知牛顿已经解决了这个问题，只是没有发表。哈雷说服牛顿发表《自然哲学的数学原理》，并予以经费资助。1698年，他受命为探险船船长，研究地球的磁场，并于1701年发表《通用指南针变化图》。1703年，他担任牛津大学的几何学教授。1716年，哈雷提议使用金星凌日来精确地测量地球和太阳之间的距离。1718年，通过对比古希腊的天体测量数据，他发现了恒星的自行运动现象。1720年，他担任格林尼治天文台第二任台长，被授予"皇家天文学家"称号。1742年1月14日，哈雷逝世于伦敦。

哈雷最广为人知的贡献就是准确预言了一颗彗星的回归。1680年，他与卡西尼合作观测了当年出现的一颗大彗星，从此他对研究彗星产生了浓厚兴趣。在牛顿的帮助下，他发现1682年、1607年和1531年出现的彗星轨道相近，出现的时间间隔都是75年或76年。因此，他推算并预言这颗彗星将于1758年年底或1759年年初再次回归。虽然于1742年逝世的哈雷未能亲眼看到这颗彗星的回归，但他的预言果然应验了。为纪念他，人们将这颗彗星命名为哈雷彗星。这是第一颗有编号的周期彗星，记为1P/Halley。

哈雷彗星的轨道是扁长的椭圆，它距离太阳最远时可到海王星轨道之外，而距离太阳最近时比金星还接近太阳。由于大行星对它的引力摄动及它抛出物质的反冲作用，哈雷彗星的轨道经常有变化，它的轨道周期可短到74年11个月，可长到76年2个月。

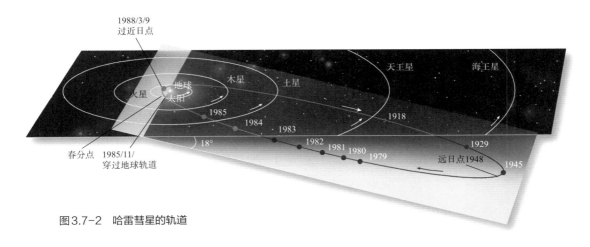

图3.7-2　哈雷彗星的轨道

我国古代留下了关于彗星的丰富记载，其中有哈雷彗星的30多次回归记载，这些资料对于推算它的轨道演化是很有价值的。哈雷彗星最近的三次回归分别是1835年、1910年、1986年。在它的前两次回归期间，大规模的观测研究揭示了很多重要信息，增进了人们对彗星奥秘的认识。从1909年8月到1911年5月，全世界对它观测2 800多次。1910年5月，人们观测到它的亮度达1等，清晨可见，5月17日彗尾长达100°，推算出其彗尾在5月18日扫过地球。（对此，欧美报刊曾掀起一场闹剧，宣扬彗星毒气会使人类死亡甚至地球毁灭，似乎世界末日就要到来了。实际上，地球和人类安然无恙。这是因为彗尾的物质极其稀疏，而且又有地球大气保护着人类免受彗尾物质的直接影响。后来，我国阎林山等人研究地磁暴记录，首次确证地球磁场受到了哈雷彗星的扰动，随后国外也接连有类似的研究。）5月19日到21日，哈雷彗星的彗尾长达140°（真长度达2亿千米以上），跨越半个天空，与银河争辉。而后，由于它逐渐远离太阳和地球，就慢慢地隐没了。

哈雷彗星于1985～1986年回归标志着探测彗星进入了一个新时代。50多个国家的1 000多位天文学家及很多爱好者参加了观测彗星的活动，除了连续进行多种地面观测，还用高空飞机和人造卫星进行观测，特别是有6艘飞船对它进行探测，取得了大量观测资料和惊人的新发现。

1986年3月，飞船第一次从近距拍摄到哈雷彗星的彗核，其形状似花生或土豆一样的扁球体，大小约为15千米×8千米×8千米，表面暗黑如碳或沥青，反照率仅2%～4%，表面不均匀，有几个直径约1千米、深约100米的坑。从观测资料推算，其质量为$5×10^{16}$～10^{17}克（500亿～1 000亿吨），彗核密度为0.1～0.3克/厘米^3，这说明彗核内部有空隙。气体和尘埃几乎都是从其表面几个"活动区"蒸发出来的，"活动区"仅占其表面积的20%。它在1985～1986年多次出现亮度爆发。例如，1985年11月12日和11月15日的两次爆发，在8个波段都观测到亮度增强，而且这两次爆发还伴有喷流，喷流速度分别为95千米/秒和55千米/秒；1986年3月22日至25日，在4个波段观测到亮度增强。哈雷彗星出现尾射线、扭折、凝聚云及断尾事件等一系列等离子体彗尾大尺度现象。例如，它在过近日点前后出现16次断尾事件，其

图3.7-3　哈雷彗星的风姿

中大多数跟太阳风磁场扇形（磁场反向）边界通过彗星有关。在断尾事件时期，等离子体尾的扰动变化大。

　　1986年7月以后，哈雷彗星远离太阳2.5AU之外，越来越暗而难于被观测到。人们原以为它不会再出现什么新奇现象了，然而怪事出现了。1991年2月，哈雷彗星已远离太阳14.5AU，本应只有不活动的裸彗核，但它突然增亮了200～300倍，出现直径近30万千米的模糊大气。人们推断这可能是它受到一次大撞击而导致的。究竟会变得怎样，还有待于它2061年回归才能见分晓。

图3.7-4　哈雷彗星的彗核

8 提丢斯—波得定则 与小行星的发现

下图是一幅行星等天体绕太阳公转的轨道图，为了便于观察，把内太阳系放大了，并用不同颜色表示各行星和矮行星的轨道。你们能观察出这些轨道有什么特征或规律吗？天文学家早就感觉到火星和木星的轨道间距太大，开普勒推测此间距内应当有一颗未知的行星。

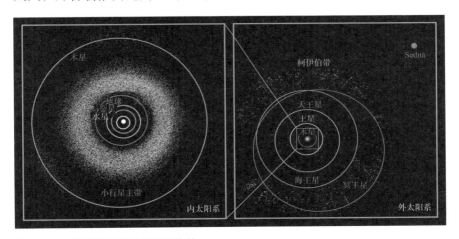

图3.8-1 行星等天体绕太阳公转轨道

1766年，德国中学教师提丢斯发现，行星轨道半长径形成简单的数列。后来，柏林天文台台长波得进一步总结了这一规律并广为宣传，故称为"提丢斯—波得定则"，其表达式为：$a_n = 0.3 \times 2^n + 0.4$（AU）。对于水星、金星、地球、火星、木星、土星，序数 n 分别为 $-\infty$（即 2^n 看成0）、0、1、2、4、5。哎呀！怎么缺少3呢？1781年，赫歇尔发现了天王星，其轨道半长径（19.2 AU）与计算值 $a_6 = 19.6$ AU 接近。

按照提丢斯—波得定则，应当有一颗 $n = 3$、轨道

半长径为 $a_3 = 2.8$ AU 的未知行星，于是掀起了搜寻它的热潮。1801年元旦之夜，皮亚齐无意中发现一颗天体，其轨道半长径为 2.77 AU，命名为谷神星。然而，它太小了，并不是要搜寻的行星，于是就将它称作"小行星"。1802年，奥伯斯发现第二颗小行星——智神星。他提出，这两颗小行星是一颗行星瓦解的碎块，建议寻找附近更多的碎块，他又于1807年3月29日发现了另一颗小行星——灶神星。引入照相技术后，发现的小行星数目就大大增加了。原来 a_3 并没有缺少，那个地方原来是一个小行星带，而不是只有一颗行星。

在此简要介绍一下有关小行星命名的知识。新发现的小行星一般先给予它暂用名，即在发现年份后加两个拉丁字母（不用字母 I），第一个字母表示发现于哪半月，第二个字母表明是该半月发现的第几颗小行星，字母不够再加数字。例如，1991 AQ 是1991年1月上半月发现的第16颗小行星。由观测算出轨道后，再经过两次回归（冲日）观测之后，才由国际小行星中心给予小行星正式编号。国际小行星命名委员会一般根据发现者的提议而为小行星正式命名，常用地名、单位、人物等名字。例如，2045 北京（Peking）、3297 香港（Hong Kong）、3901 南京大学（Nanjing University）、1802 张衡（Zhang Heng）、3405 戴文赛（Daiwensai）、4703 周兴明（Zhouxingming）。

发现小行星的第一位中国人是张钰哲。他把1928年自己留学美国时发现的小行星取名为"中华（China）"，编号为1125，后来改为编号3789。在他的领导下，紫金山天文台发现400多颗小行星。为了纪念他，将哈佛大学天文台1978年发现的一颗小行星命名为2051 张（钰哲）。

在我国，不仅天文台搜寻小行星取得了丰硕成果，而且青少年天文爱好者也取得可喜成果。例如，叶泉志从中学时就开始发现小行星，成为第一个获得"苏梅克近地天体奖"的中国人。又如，北京的小学生已发现9颗小行星，并得到了国际认证。此外，有40多颗小行星被赋予在英特尔国际科学与工程大赛上获奖的中国学生的名字。

到2016年6月，已经知道709 706颗小行星轨道，其中有永久编号的469 275颗。大多数已知小行星的轨道半长径介于2.17～3.64 AU，称之为"小行星主带"，并把这些小行星称为"主带小行星"。

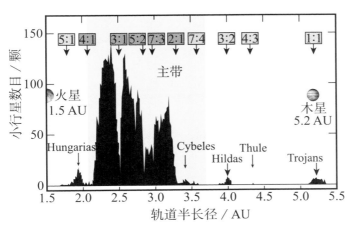

图3.8-2 小行星主带

柯克伍德首先注意到，某些轨道半长径 a 值的小行星数目很少，此特征称为"柯克伍德空隙"，与这些值相应的公转周期恰好与木星的公转周期成简单整数比（2∶1、3∶1、5∶2等），这种现象称为"轨道共振"或"通约"。这是由于木星的周期性引力摄动使那里原有的小行星改变轨道，从而逃离了。然而，有几个与木星共振之处（3∶2、1∶1、4∶3）的小行星数目却很多。为什么会出现这两种相反的情况呢？这仍是一个未得到完全解决之问题。

　　轨道半长径a值相近的一些小行星构成一个"小行星群"，如匈牙利群、希尔达群，尤其是在木星轨道附近的两个特洛伊群。

　　1772年，数学家拉格朗日用天体力学推导，在两个天体环绕运行的引力场空间中有5个相对静止的位置，称为拉格朗日点L_1、L_2、L_3、L_4、L_5。其中，L_4、L_5位于与两个天体成等边三角形的定点处，那里的小天体是动力学上稳定的1∶1共振。两个特洛伊小行星群就在木星绕太阳公转轨道上的L_4、L_5点附近。

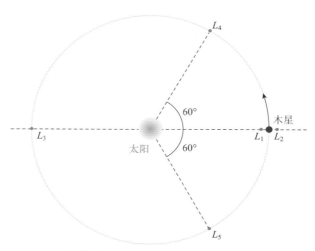

图3.8-3　拉格朗日点

9 笔尖下寻找未知"行星"——海王星和冥王星的发现

天王星发现后，根据它的一系列视位置观测数据，用天体力学推算出它的轨道，并计算它未来时间的视位置。然而，天王星的实际观测视位置总是与计算的视位置有偏差。于是，有人怀疑牛顿的理论，也有人猜测是另一颗未知行星的引力摄动了天王星。怎样找到这颗未知行星呢？

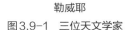
勒威耶　　　　　　　亚当斯　　　　　　　伽勒

图3.9-1　三位天文学家

1846年，法国青年天文学家勒威耶用天体力学推算出未知行星的位置，并及时告知柏林天文台的伽勒。果然，伽勒在预报的视位置附近找到了一颗行星，把它命名为海王星。大致同时，英国青年天文学家亚当斯也进行了类似的独立推算。这个"笔尖上的发现"显示了天体力学的"威力"，轰动世界，激励人们不断地用类似方法去寻找未知天体。实际上，早在1612年12月28日伽利略就已经看到了海王星，并做了手记，遗憾的是，当时将它误认作移动的恒星了。

然而，天王星和海王星的观测视位置与计算位置仍有偏差，于是，有人试图用类似方法，从偏差来推算与寻找新的行星。其中以20世纪初美国的洛韦耳和皮克林的推算做得最好，洛韦耳还建造新望远镜去寻找这颗理论中的行星。但是，洛韦耳从1906年开始寻找，直到1916年他去世，都没有发现它。经过多年努力，终于在1930年2月18日，洛韦耳天文台的青年天文学家董波从所拍摄的约9 000万个星像中发现了它。根据人们的建议，将这颗"行星"命名为冥王星。实际上，冥王星质量太小，不足以对天王星和海王星引起原来估计的摄动，因此，冥王星的发现可能仅仅是一个巧合。后来发现，早在1919年就有人拍摄到了冥王星，只是因为它太暗，被当作真底片缺陷而忽视了！

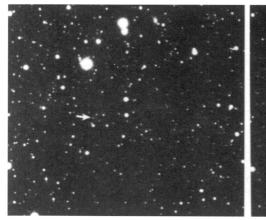
1930年1月23日

1930年1月29日

图3.9-2 冥王星的发现

海王星的轨道半长径为30.06 AU，偏心率为0.011 3，近于正圆，公转周期（海王星年）长达164.79（地球）年，自被发现以来至今可能刚刚绕太阳公转一圈。

冥王星的轨道是半长径为39.5 AU的扁椭圆，偏心率为0.251，近日距为29.7 AU，远日距为49.5 AU。冥王星在经过近日点期间（最近一次在1989年9月5日）比海王星距离太阳还要近，而且在这前后各10年期间，它都比海王星离太阳近。其公转周期（冥王星年）为247.69（地球）年，自被发现以来至今还没有绕太阳公转半圈。

图3.9-3　冥王星发现者——董波

　　在轨道投影于黄道面的图上，冥王星和海王星的轨道看似交叉（图3.9-4），从而让人产生它们会碰撞的疑虑。但实际上，冥王星轨道面相对黄道面的倾角为17.1°，海王星轨道面相对黄道面的倾角为1.769°，因此，它们的轨道就像立交桥的上下道路那样；而且，冥王星与海王星的轨道运行处于稳定的2∶3共振（冥王星公转2个周期与海王星公转3个周期的时间相等），它们之间的引力相互作用，使得它们从来不会接近到小于17 AU。因此，可以完全消除它们会碰撞的疑虑。

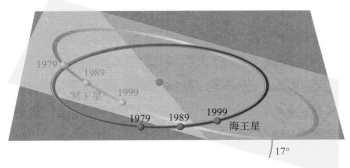

图3.9-4　冥王星和海王星的轨道运动

10 彗星的储库
——奥尔特云

彗星在太空中游来荡去，时隐时现，究竟有多少彗星呢？肉眼可见的亮彗星是屈指可数的，有史以来只出现过20多次比金星还亮的彗星。16世纪以后，随着望远镜和照相等技术方法的应用和发展，每年发现的彗星数目越来越多。到2013年，已知彗星近4 900颗，而尚未观测到的还多得多。开普勒曾说过，太空的彗星如同大海里的游鱼那么多。那么，是否有办法来推算彗星的数目呢？人类的认识总是不断发展的，天文学家已经探索出办法，就是根据已经出现的彗星数目和轨道进行统计研究来推算。

1950年，奥尔特对彗星轨道进行了统计研究，发现轨道半长径为3万至10万AU的彗星数目最多，再考虑轨道倾角随机分布，推断那里有近于均匀球层式的彗星储库，现称作"奥尔特（彗星）云"。他估计那里约有上万亿颗彗星，总质量大约相当于地球质量。有的彗星被路过的恒星摄动而改变轨道，进入太阳系内的区域，成为我们观测到的"新"彗星。近年来新的统计研究表明，奥尔特云分为内外两部分。内奥尔特云距离太阳3千至2万AU，约有1万亿至10万亿颗彗星；外奥尔特云距离太阳2万至5万AU，约有1万亿至2万亿颗彗星。

奥尔特云

内奥尔特云

太阳系

图3.10-1 奥尔特（彗星）云

11 柯伊伯带与冥族天体

    1930年发现冥王星之后，有天文学家相继提出，在海王星轨道之外还有天体存在。1943年，Edgeworth在英国天文学会杂志上发表假说，认为海王星轨道外的原始太阳星云物质可能形成了一些较小天体。为了解释海王星轨道的变化，1951年，美国天文学家柯伊伯在天体物理杂志上提出：在海王星轨道外，距离太阳30～50 AU处存在彗星的环带。现在称那个环带为柯伊伯带（Kuiper Belt），称那里的天体为柯伊伯带天体（KBO），它们大多数是由冻结的挥发物（水、甲烷、氨）组成的。自1992年发现柯伊伯带天体（小行星编号15760）1992 QB1以来，直径100千米以上的已知柯伊伯带天体数目有1 000多颗了，估计小的更多。最近研究表明，柯伊伯带距离太阳30～1 000 AU，柯伊伯带天体的数目有1亿到1万亿颗，它们的轨道面对黄道面的倾角i较小。冥王星也被归类划为柯伊伯带天体，现在把类似于其轨道的天体称为"冥族天体"。近年来，还发现柯伊伯带之外的"弥散盘"也存在一些柯伊伯带天体，其中不乏彗星。

图3.11-1　柯伊伯带

　　美国的布朗等人用帕洛玛山天文台的望远镜系统地搜寻大的柯伊伯带天体，在 2002 年 6 月初发现了天体 2002 LM60——以洛杉矶地区原始部族神话中的 Quaoar 为之命名。它距离太阳 42 AU，每 285 年绕太阳公转一圈，但它比冥王星小。接着，他们发现了较大的柯伊伯带天体 2003 EL61（诨名 Santa），2006 年 9 月，小行星中心按照惯例赋予它正式的小行星编号136108。2003 年发现更大的柯伊伯带天体，以神话电视剧《好战公主 Xena》的名字为其诨号，暂时称为 2003 UB313，后来小行星中心按照惯例赋予它正式的小行星编号136199，并永久命名为 Eris（在希腊神话中，Eris 是挑起女神们不和与纷争的女神），中文译名为"阋神星"，是矮行星之一。

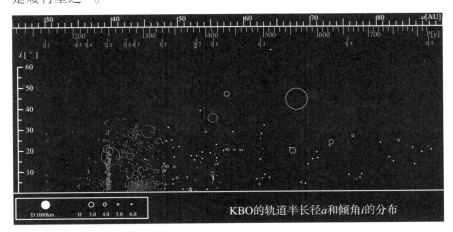

图3.11-2　柯伊伯带天体（KBO）的轨道半长径 a 和倾角 i 的分布

　　从柯伊伯带天体的轨道半长径 a 和倾角 i 的分布（图3.11-2）看出，KBO 的轨道分布是不均匀的，在与海王星轨道周期成简单整数比（共振）的区域，KBO 数目多。最显著的是冥王星，轨道半长径 $a = 39.5$ AU，公转周期约250年，相应于 2 : 3 共振，即冥王星绕太阳公转 2 圈，海王星绕太阳公转 3 圈，此共振处的已知

KBO有200颗之多，称它们为"冥族天体"。它们是受海王星轨道迁移影响而变到这样稳定轨道上的。与海王星1：2共振的KBO，即海王星公转2圈，它们公转1圈，它们的轨道半长径a约为47.7 AU，它们的数目稀少些。此外，也存在3：4、3：5、4：7和2：5共振的KBO。还有1：1共振的，即沿海王星轨道的、位于海王星前后"拉格朗日点"的KBO。

美国国家航空航天局的"新视野"号探测器于2006年1月19日发射升空，于2015年莅临冥王星，将进行历时五年的冥王星及其他冥族天体的探测。尽管此探测器拥有创纪录的飞行速度，但由于地球与冥王星相隔数十亿千米，因此，在绝大部分飞行时间里，它的仪器将处于"休眠"状态，每星期只向地球发送一次信号汇报其"健康"状况，以尽可能地节约能量。科学家每年会唤醒一次它的关键系统，进行必要检测。直到飞船飞近冥王星前大约200天，才会开始校验和进行探测。在最临近冥王星的时期，探测仪器将全力获取冥王星及其卫星的资料。它飞越冥王星及其卫星后，将继续前行，并在此后的五年期间穿越柯伊伯带，探测相遇的柯伊伯带天体，最后它将一去而不复返。

12 太阳系的范围有多大

太阳系有边界吗？边界在哪里？这是很重要且不容易回答的问题，需要依据观测事实来确定。

在1543年哥白尼发表《天体运行论》并论述日心说而开始形成太阳系的概念时，土星是已知的最远行星，它距离太阳约 9.6 AU。随着天王星、海王星和冥王星的发现，人类认识的太阳系范围更大了，至少在约40 AU之外。1950年，奥尔特从彗星轨道的统计研究中，推断在距离太阳3万至10万AU之处，存在球壳状的彗星储库——奥尔特云。1951年，柯伊伯提出在海王星轨道外，距离太阳30至50 AU之处，存在彗星的环带——柯伊伯带。近年来，发现了很多柯伊伯带的天体。邻近恒星的以及银河系的引力场也会限定太阳的引力范围。近几十年来，旅行者1号和2号等飞船也得到太阳系外部一些重要的探测资料。现在可以从几方面来初步描绘太阳系的范围了。

离太阳最近的一颗恒星是比邻星。它是半人马座 α 三合星的第三颗星，也称为半人马座 α 星C。它距离太阳4.22光年，质量约为太阳质量的八分之一，因而太阳比它的引力范围大，估计太阳的最大引力范围约23万AU，这比奥尔特云的外界范围大。迄今缺乏太阳系最外区甚至奥尔特云的实际观测资料，太阳对此区的引力已相当弱，而恒星际介质、银河系的引力场和磁场可能起相当重要的作用。

在恒星际介质中，从太阳吹出的太阳风粒子流被限定的区域，称为"日球层"或"太阳风层"。在日球层顶内有终端激波，是太阳风的粒子从超音速降低到亚音速的区域。在日球层顶之外，星际介质和日球层顶的交互作用在太阳前进方向的前方产生弓形激波。因为星际介质和日球层顶边缘作用，在弓形激波和日球层顶之间形成的炙热氢气组成"氢墙"。旅行者1号和2号飞船在2005年5月24日和2006年5月

23 日先后抵达了终端激波，并飞往日球层顶。

2008 年 10 月 19 日，美国国家航空航天局发射了"星际边界"探测器（IBEX），其轨道位于地月之间六分之五处。它载有用于观测太阳系边界的两架望远镜，用来搜集高能中性原子。当太阳风中的离子和星际介质中的中性原子相互作用的时候，就会发生电荷交换，由此产生的高能中性原子也会向各个方向运动，它们的轨迹也就不再受到磁场的影响。其中一些高能中性原子会恰好朝着"星际边界"探测器运动并且被探测到，通过测定它们来自的方向、到达的时间、粒子的质量及能量，可以绘制出一张全天的高能中性原子分布图。先前的两个"旅行者"号探测器只能探测星际边界上的某个局部区域。但"星际边界"探测器探测到的初步结果大大地出乎人们的意料，发现了原先不为人知的惊人结构——在两个"旅行者"探测器之间存在一个蛇形的高能中性原子聚集带。对这一聚集带的详细研究显示，在太阳系边界的某些局部地区，离子的密度出现了大幅度的升高。目前还不知道应该如何解释这一现象，这也说明我们原先对太阳系边界的认识还不足。

2003 年发现的塞德娜（Sedna）是半径为 498 千米的类冥天体，其轨道半长径为 518.57 AU，近日距为 76 AU，远日距为 937 AU，公转周期为 12 050 年，属内奥尔特云的。同属于这族群的还有（小行星编号 87269）2000 OO67，其近日距为 21 AU，远日距为 1 000 AU，公转周期为 12 705 年。2010 年发现的 2010 KZ 39 和 2010 VZ 98 的轨道半长径分别为 164 AU 和 134 AU。2012 年发现的 2012 VP 113 比塞德娜还远，也是属内奥尔特云的。天文学家相信，未来还会发现很多更远的甚至更大的太阳系成员。

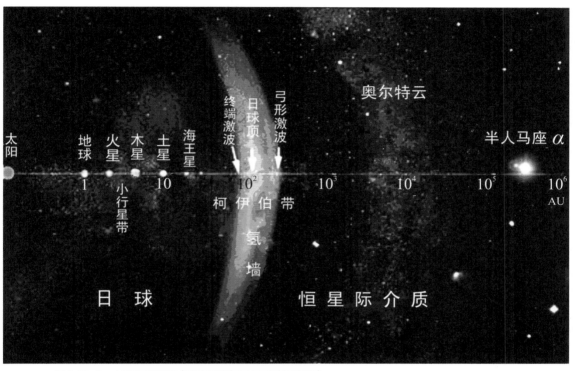

图3.12-1　太阳系的范围（注意距离标尺是对数标度的）

四、天体物理学的兴盛

天体有可见光等多波段的电磁辐射及其他辐射。随着融合先进科学技术，天体物理学迅猛发展，各种望远镜的重大发现（类星体、脉冲星、星际分子、宇宙微波背景辐射、伽马射线暴等）和研究成果纷至沓来。

1 星光使者与大气"窗口"

　　自古以来，人类就用自己的眼睛观察着星光。星光就是携带很多密码信息的使者。人眼就是一种探测器，把接收到的星光信息传给大脑来分析解码。19世纪的法国哲学家孔德曾断言：由于恒星和星云过于遥远，它们将永远埋藏自身化学组成的秘密。但是，人类的认识总是在不断的实践中发展的。1814年，德国的夫琅和费用分光仪观测到太阳光谱有一些暗谱线，这些谱线被称作夫琅和费线。他用分光仪观测恒星的光谱，发现恒星光谱还有不同于太阳的谱线。1858 ～ 1859年，德国物理学家基尔霍夫和化学家本生合作，进行了很多物质的光谱实验研究，提出基尔霍夫定律：（1）每种元素都有其特征谱线；（2）每种元素都可以吸收它能够发射的谱线。基尔霍夫还指出：炽热的固体和液体发射连续光谱。后来，发现高压气体也发射连续光谱。从夫琅和费线和实验光谱的对比中，认证出太阳上有氢、钠、铁、钙等元素，后来又认证出其他元素。

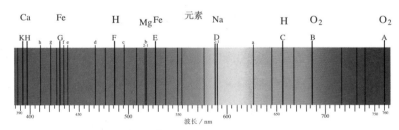

图4.1-1　太阳光谱的夫琅和费线（光谱旁符号）与认证的元素，O_2是地球大气吸收线

　　现在知道，可见光辐射就是电磁波，其性质常用频率（每秒电磁场振动次数——赫兹 Hz）或波长表示，频率 ν 和波长 λ 的换算公式为：$\lambda\nu = c$，c 是光速（真空中的光速近于 3×10^8 米/秒）。电磁波又是光子流，相应光子能量 $E = h\nu$，h 为普朗克常量（$h = 6.626\ 075\ 5 \times 10^{-34}$

焦耳·秒）。光子能量也用电子伏特（eV）表示，
1 eV = 1.602 177 × 10^{-19}焦耳。与1 eV相应的波长是
12 398.428 × 10^{-10}米，相应的频率是2.417 988 × 10^{14}赫
兹。天体不仅有可见光辐射，还有红外、紫外、无线电
（天文上称为射电）等各波段的辐射，总称**电磁辐射**。按
照探测分析方法的不同，常划分的波段如下。

γ射线　　波长小于0.01纳米

X射线　　波长从0.01纳米到10纳米

紫外线　　波长从10纳米到390纳米

可见光　　波长从390纳米到770纳米

红外线　　波长从0.77微米到1 000微米

射　电　　波长大于1毫米

波段的界限只是大致的，实际上有些波段（如γ射
线与X射线、红外线与射电）的分界存在彼此重叠。

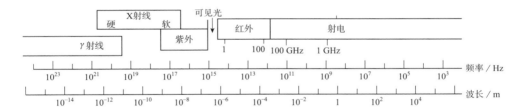

图4.1-2　电磁波谱

由于地球大气有选择性地吸收天体辐射，只透过
某些较窄波段的天体辐射而到达地面，因此，地面观
测到的只是通过大气"窗口"波段的天体辐射，观测
其他波段的辐射必须到高空和太空进行。大气"窗口"
主要有：（1）光学窗口，波长从300纳米到700纳米；
（2）射电窗口，波长从1毫米到20米，但毫米波段还
有水汽和二氧化碳的一些吸收带；此外，在红外波段
还有几个小窗口。

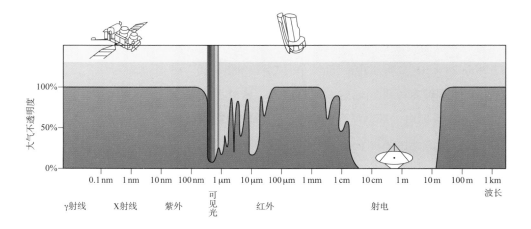

图4.1-3 地球大气"窗口"

20世纪40年代之前，都是用地面光学望远镜观测来研究天体，因而，以前的天文学就是光学天文学。20世纪40年代，英国的军用雷达发现了来自太阳的无线电辐射，即太阳射电。以后，广泛地使用无线电方法观测研究天体和宇宙的射电辐射，射电天文学便诞生了，并在20世纪60年代取得四大天文发现——类星体、脉冲星、星际分子、微波背景辐射。1946年以来，开始用高空火箭观测太阳的紫外辐射和X射线辐射。1957年苏联发射世界上第一颗人造卫星以来，美国、西欧、日本等也相继发射了天文卫星和空间飞行器（轨道天文台、轨道太阳观测台、高能天文台等）探测天体的各种辐射，促使紫外天文学、X射线天文学、伽马射线天文学和红外天文学迅速发展，向全波段天文学的发展迈进。

各种天体的光谱都显示有一定的连续光谱并叠有暗谱线（**吸收线**）或亮谱线（**发射线**）。不仅可见光波段，而且红外、紫外、射电等波段（更广义的）辐射谱都显示这样的特征，只是连续光谱的强弱、谱线的多少和强弱及波长有所差别。辐射按照波长的能量分布（或**辐射能谱**）蕴含着很多重要信息，通过理论分析研究可以得到天体的温度等性质。

2 有一分热发一分光
——天体的辐射

与任何物质一样，天体物质既发射辐射，也吸收和散射外来的辐射。实际的发射和吸收过程是很复杂的，科学上相当有效的方法总是先从简化的理想情况进行研究。

考虑理想辐射体，它发射电磁辐射的效率最高。它又是理想的吸收体，可以吸收入射到它的一切波长的全部电磁辐射，因而它是"黑"的。因此，常称理想辐射体为**"绝对黑体"**，或简称**"黑体"**。黑体从周围吸收辐射能量，转换为热能，温度升高。俗话说，有一分热发一分光（辐射），热的黑体必然发射辐射而损失能量。当吸收与发射的能量达到动态平衡时，黑体就处于热动平衡温度，因而它的辐射只与温度有关，这样的辐射称为"热辐射"。一般说来，恒星的辐射与黑体很近似，但因恒星大气的吸收而产生吸收谱线，或其大气有很强的发射而产生发射谱线。有些书刊上说"月球和行星不发光"，由于被太阳光照亮（即反射和散射太

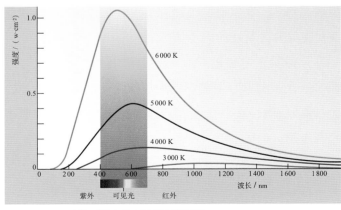

图 4.2-1　几种绝对温度的黑体辐射能量谱

阳光）才被看到，这句话不确切。实际上，它们发出辐射，只是主要是红外辐射。

1901 年，普朗克用量子论得出黑体辐射的"普朗克定律"：各波长的辐射强度仅取决于绝对温度。1879～1884 年，斯忒藩和玻耳兹曼曾得出：黑体的总辐射流与（绝对）温度 T 的四次方成正比，称为"斯忒藩—玻耳兹曼定律"。此定律也可以从普朗克定律导出。

如果天体（辐射源）不处于热动平衡状态，则其辐射就不是热辐射（不符合普朗克定律），而称为"非热辐射"。近年来发现的很多新型天体，如类星体、星际分子射电源、X 射线源、γ 射线源等，它们的辐射能谱特性与热辐射有显著差别，甚至太阳和木星的某些射电爆发也是非热辐射。有多种"机制"产生非热辐射。例如，在外磁场中沿圆轨道或螺旋轨道运动的非相对论性（速度远小于光速）电子产生的辐射，称为"回旋加速辐射"。它发射的谱线频率等于电子绕磁场运动的回旋频率。这种辐射可以说明太阳耀斑、白矮星的光学辐射及中子星的 X 射线发射。又如，在外磁场中沿圆轨道或螺旋轨道运动的相对论性（速度接近光速）电子产生的辐射，称为"同步加速辐射"，因最早在同步加速器中发现而得名。它发射连续谱。某些射电星系和类星体也有可见光和 X 射线的同步加速辐射。

天体除了电磁辐射——光子流之外，还有粒子辐射——太阳的及宇宙的高能粒子流（一般称为宇宙线，包括氢原子核-质子、氦原子核-α 粒子，少量其他原子核及电子、中微子）。

通过天体光谱的观测研究，可以得到它们的很多重要信息，如天体的化学成分、温度、磁场等。原子是天体的主要成分，因此，先来简介原子光谱知识。

原子由原子核和绕原子核转动的电子组成。当原子中的电子获得足够的能量时，就可以克服原子核的吸引力而逃离出去，于是该原子被"电离"而成为离子。天文学上，中性原子常以元素符号后加罗马字母Ⅰ表示，一次电离（失去一个电子）的离子加Ⅱ，二次电离的加Ⅲ……例如，HⅠ表示中性氢原子，HⅡ表示氢离子，HeⅠ表示中性氦原子，HeⅡ表示一次电离的氦离子。与电离过程相反，自由电子与离子结合的过程称为复合。

原子的能量状态主要由核外电子的空间分布状况决定。原子的能量状态是量子化的，只有某些确定的能级。当原子从较高的能级跃迁到较低的能级时，就辐射相应能量的光子。当原子吸收一个光子时，它从较低的能级跃迁到较高的能级。这种束缚-束缚跃迁遵守一定的量子力学规则，产生线谱。自由电子在原子核场作用下也可以改变能量，从一种能量的自由状态跃迁到另一种能量的自由状态，称为自由-自由跃迁。自由-自由跃迁及复合的能量变化范围较宽或连续的，产生连续谱。

多电子原子和分子有复杂的光谱带和线系，光谱实验和量子力学研究已取得很多成果。一个特别有趣的例子是，1868年，在太阳色球光谱上发现当时未知元素的谱线（波长587.562纳米），25年后才在地球上找到这种元素——氦；在星云的光谱中发现波长500.7纳米和495.9纳米等未知谱线，后来认识到它们不是新元素，而是二次电离氧（OⅢ）产生的"禁线"。"禁线"是实验室条件下产生概率非常小的谱线，但易产生于星云环境。

3 千里眼——
光学天文望远镜

光学天文望远镜的结构

光学天文望远镜总体结构可分为光学系统、机械装置、电控设备三部分。

光学系统是光学天文望远镜的最基本部分，主件是物镜。与照相机镜头的作用一样，物镜收集来自天体的辐射并聚焦成出天体像，并用目镜来观看物镜焦面上的天体像。天体照相仪可以直接在物镜的焦面上进行摄像，也可以再另用镜头把物镜焦面上的天体像进行二次（放大或缩小）成像。常把两三个用途不同的望远镜以光轴平行地并装在一起，小的寻星望远镜视场大，便于寻星，大的主望远镜可加载不同的探测仪器，作为主要观测所用。

机械装置包括基座及两个相互垂直的转轴、刻度盘及指标，以便于望远镜灵活地对向天体。机械装置按转轴方向不同，常采用地平式和赤道式。赤道式装置的两个轴是**极轴**和**赤纬轴**。极轴平行于地球自转轴，而赤纬轴平行于赤道面。望远镜绕赤纬轴转动可对向天体的赤纬，绕极轴转动可对向天体的时角且易跟踪天体的周日运动。早期的望远镜及小口径望远镜多采用赤道式装置，因而常称为**赤道仪**。地平式装置的两个轴分布在垂直和水平方向。望远镜绕垂直轴转动可对向天体的地平经度（方位角），绕水平轴转动可对向天体的地平纬度（高度角）。现代的大型望远镜都采用地平式装置。

电控设备用于控制望远镜的指向，并跟踪天体视运动。由钟控电机驱动传动系统带动极轴转动（常称为转仪钟），而自动或用手控设备控制电机的运行状况。

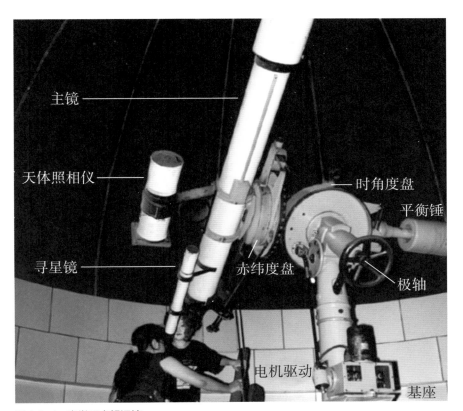

主镜

天体照相仪

寻星镜

时角度盘

平衡锤

赤纬度盘

极轴

电机驱动

基座

图4.3-1 光学天文望远镜

光学天文望远镜的性能

光学天文望远镜的性能由以下六个物理量表征。

口径。望远镜口径一般指物镜的有效通光直径，常以符号D表示。物镜收集星光的能力与其面积（$\pi D^2/4$）成正比，因此，物镜的口径越大，就越容易观测到肉眼看不见的更暗天体。

分辨本领。望远镜的分辨本领以最小分辨角来表征——分辨角越小，分辨本领越高。恒星遥远且视角径微小，在望远镜中恒星像仍呈点状，这样的光源称为**点光源**。太阳、月球、行星和星云等天体的视角径较明显，用望远镜可以看出视面，统称**有视面天体**或**延展天体**。最小分辨角是指望远镜刚好可分辨的两个点光源（如双星）的角距或延展天体视面细节的角距。由于物镜的光衍射效应，点光源的像不是理想的点，而是小衍射斑，因而限制望远镜的分辨角。高品质物镜的分辨角θ（弧度）与物镜口径D和波长λ的关系为：$\theta = 1.22\lambda/D$。目视观测最敏感波长为0.55微米，当D以毫米为单位时，目视观测分辨角的角秒值为：$\theta_v'' = 140''/D$。例如，物镜口径10毫米的望远镜最小分辨角为1.4″。作为对比，人眼瞳孔直径最大时（黑暗中）为8毫米，白昼时仅为2毫米，人眼分辨角为18″～70″，由于人眼不是理想的，实际分辨角约2′。黑白照相观测最敏感的波长一般为0.44微米，照相观测分辨角的角秒值为：θ''（照相）$= 110''/D$。由于物镜的缺陷和大气的扰动，望远镜的实际分辨角要大些。

放大率和**底片比例尺**。目视望远镜可以观测延展天体的放大像，实际上是视角放大。放大倍数或放大率实际是"角放大率"。角放大率G等于物镜焦距F与目镜焦距f之比，即$G = F/f$。这表明，物镜的焦距越大和目镜的焦距越短，角放大率越大。望远镜常配有几个不同焦距的目镜更换使用，从而有几种（角）放大率。实际上，如果目镜的出射光束超过人眼瞳孔直径 d（最大8毫米，一般4毫米），则出射光束就白白损失掉一部分，由此角放大率的下限取"等瞳孔放大率"：$G_o = D/d$。另一方面，望远镜的最大分辨本领受物镜的最小分辨角 θ'' 的限制，若取目镜看到的角距为人眼分辨角，即60″，则分辨放大率 $G_r \approx 60''/\theta''$。例如，口径140毫米物镜的分辨角 $\theta'' = 1''$，仅需 $G_r \approx 60$ 就达到了分辨限，一般可取 2～4 G_r（或 $2D$［毫米为单位的值]）作为角放大率的上限。此外，物镜和目镜的光学成像质量以及地球大气扰动，都限制分辨角常大于 1″，目视望远镜观测一般使用的放大率为 30～300 倍。虽然使用很大放大率看起来星像大了，但并不能提高分辨本领，反而星像变模糊，且有效视场变小了。某些望远镜销售广告吹嘘 500 倍甚至 1 000 倍的高放大率是不切实际的!

一般看戏用的或军用的双筒望远镜也可以用来观测较亮天体（如观测流星、彗星）。双筒望远镜都标有放大倍率 × 物镜口径（毫米单位）的数字。例如，6×30 表示放大倍率为6倍，物镜口径为30毫米；10×50 表示放大倍率为10倍，物镜口径为50毫米。

当直接在望远镜物镜焦面进行天体摄像时，用**底片比例尺**作为望远镜性能指标。它定义为底片中央每1毫米所对应的星空角距，即 206 265″ /F（毫米）。

相对口径。相对口径 A 也称为**光力**，是口径 D 和焦距 F 之比，即 $A = D/F$。它的倒数（F/D）称为**焦比**，常写为 $F/$（焦比）（＝口径），如 $F/10$（即焦距是口径的10倍）。照相机镜头的光圈数就是焦比。物镜所成延展天体像的亮度与其相对口径的平方（A^2）成正比，观测暗的延展天体应当使用相对口径大的望远镜。

视场。由于物镜总有像差等缺点，仅其光轴附近区域成像良好，此区域对应的星空角径称为**工作视场**。目视望远镜仅观测到星空的小部分区域。寻星望远镜的物镜口径和放大率都较小，工作视场一般大于2°，容易参考周围星空来寻找和辨认欲观测的天体，但不易看到很暗天体。而目视主望远镜则用于高分辨及暗天体的观测。目视望远镜的视场与所用的目镜或放大率有关，放大率越大，视场越小。

极限星等。极限星等指的是望远镜可以观测到最暗天体的能力。它与很多因素（物镜的光学质量、地球大气透明度、天空背景光等）有关，其中最主要的是物镜口径。目视望远镜的极限星等m_v粗略估计为：$m_v = 2.1 + 5 \log D$，其中D以毫米为单位。

光学天文望远镜的类型

按照所用物镜的类型不同，把光学望远镜分为三类。

折射望远镜。用透镜作物镜的望远镜，称为折射望远镜。为了减少各种像差，物镜常由两块或三四块组合而成。这类望远镜一般是焦距较长，相对口径较小，但工作视场大。一般较大望远镜组中的寻星（小）望远镜乃至导星望远镜常用折射望远镜。

反射望远镜。物镜以凹面（常为抛物面）反射镜为主镜的望远镜，称为反射望远镜。除主镜外，还常有较小的副镜以改变光路、焦距和改善像差。这类望远镜的口径可以很大，但视场小，常用的有：牛顿式，副镜是平面反射镜；卡（塞格林）式，副镜是凸双曲面镜，其等效焦距比主镜焦距大；大型望远镜，还用平面反射镜把从副镜出来的光束转向空心极轴射出而成为折轴系统，以便进入固定的大型分析探测系统。

折反射望远镜。这是改正透镜和反射镜组合物镜的望远镜。由于改正镜修正像差，这类望远镜的相对口径和视场都很大。折反射望远镜的口径常标有两个值，其中，第一个是改正透镜直径，第二个是反射镜直径。例如，北京国家天文台的施密特望远镜是口径60/90（厘米）的。

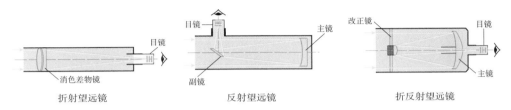

折射望远镜　　　　　反射望远镜　　　　　折反射望远镜

图4.3-2　三类光学望远镜

现代大型望远镜

现代已使用的大型望远镜多数是反射望远镜和折反射望远镜。位于智利的欧洲南方天文台的等效口径16米的甚大望远镜由4个直径8.2米反射镜组成。夏威夷的两架等效口径10米的Keck望远镜都是由36个口径1.8米反射镜拼镶的。光谱巡天用Hobby-Eberly望远镜是美国和德国合作的，由91个球面反射镜组合，等效口径9.1米。美国、英国、加拿大、智利、阿根廷和巴西合作的双子望远镜有两架口径8.1米望远镜，放在南、北半球各一架。

建造现代大型望远镜的目的是提高集光能力和分辨本领，以便观测更暗天体和分辨细节。提高集光能力就要增大物镜的口径，而实际分辨本领受多方面因素限制。一方面是地球大气湍流的干扰使星像质量变差，另一方面是望远镜组件受温度和自重变化而使星像畸变。

后一因素变化比前者慢得多，因而在技术上可分开处理。"主动光学"是矫正望远镜组件畸变的技术，"自适应光学"则控制和补偿大气扰动，使得最小分辨角接近衍射极限。一些大型望远镜配置有主动/自适应光学系统。此外，几架望远镜同时兼作光干涉测量，瞬间观测到的星像实际上是很多复杂斑点构成的干涉图像，通过电脑进行"傅立叶变换"以消除畸变，提高分辨，重现出良好星像。用这种方法甚至可以观测到恒星视面的大黑子和恒星周围的行星凌恒星现象。

美国、中国、日本、加拿大和印度正在合作建造的巨型光学-红外望远镜（TMT），把492个六角形镜组合在一起，成为口径30米的巨大主镜。欧洲南方天文台将建设由798个六角形镜拼合的主镜口径为39米的特大望远镜（E-ELT），这将是世界上最大的光学望远镜。

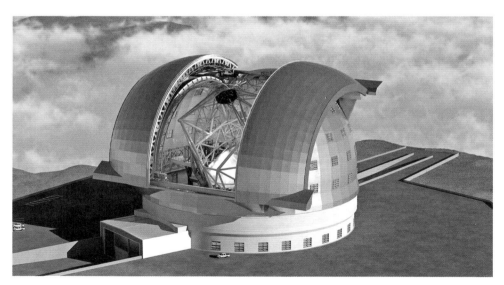

图4.3-3 欧洲南方天文台口径39米的特大望远镜将建于阿塔卡马沙漠

4 光学望远镜的终端设备

　　光学望远镜物镜所成的天体像只是天体各波长辐射的混合（"总辐射"或"白光"）特征。为了从观测得到天体性质和现象的信息，还需要用辐射分析器和探测器来"破译"。

辐射分析器

　　将天体总辐射"分解"成光谱是破译天体信息的重要一步。辐射分析器的作用就是分解和分析天体的辐射性质。现在已研制出多种光谱仪器来观测天体光谱。原则上，天体摄谱仪与普通的实验室光谱仪的原理是同样的，即光源的像成在光谱仪的入射狭缝处，经准直镜而成为平行光束；再入射到色散部分（常用三棱镜或光栅），使各波长混合的辐射按照不同波长分解（**色散**）开来；再经聚焦镜成出光谱像，最后用探测器摄录下来。小型摄谱仪可以直接装在望远镜上。大的天体摄谱仪现在用光纤把天体像连接到入射狭缝处，准直镜和聚焦镜采用凹面反射镜。由于恒星射来的光就是平行光，可以省去入射狭缝和准直镜，用一个小顶角的大三棱镜加在天体照相仪物镜前来作**棱镜照相机**，在其焦面上同时摄下很多恒星的光谱，用此方法获得的资料编出恒星光谱分类表。为了得到不同天体更好的光谱，科学家研制出了专门的天体摄谱仪。

　　拍摄暗天体的光谱（尤其是大色散光谱）是极其困

难的，有些天文研究可以用一些较窄波段的天体辐射资料来替代。于是，根据需要和可能而使用各种滤光器作为辐射分析器。因为人眼只对可见光敏感，所以，人眼实际上就是可见光波段的滤光器。各种颜色的技术玻璃滤光片用于天体的多色光度测量。镀多层干涉膜的滤光片可达到透射带（波段）10纳米以下，用于拍摄天体的很纯单色像。太阳色球望远镜中的干涉偏振滤光器的透射带小于0.1纳米，用于拍摄色球的氢等元素发射线的单色图像。此外，还采用另一些辐射分析器，如偏振片等。

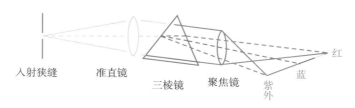

棱镜光谱仪

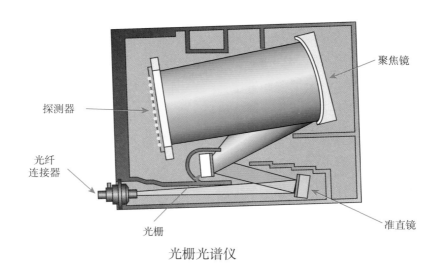

光栅光谱仪

图4.4-1 天体摄谱仪结构示意图

辐射探测器

天文观测的目的是把通过望远镜、辐射分析器出来的天体辐射探测记录下来，以供进一步分析研究。天文观测用的辐射探测器有很多种。例如，人眼就是最简便的探测器，还有照相底片、光电倍增管及其他光电器件等，它们各有其特点和局限。先介绍辐射探测器的一般性能。

灵敏度（或响应）。灵敏度是指每单位辐射能所引起的探测器输出信号，即输出信号与入射辐射能之比。有些探测器（光电器件）是输出信号与入射辐射能成正比（或灵敏度为常数），称为"线性的"。很多探测器（人眼、照相底片）是"非线性的"，灵敏度与入射辐射能不成正比。这就需要实验测出输出信号与入射辐射能的关系——特性（定标）曲线。

光谱响应。又称**分光灵敏度**，即探测器对不同波长辐射的响应特性。多数探测器是有选择性的，即对一定波段辐射更灵敏。例如，人眼对波长0.55微米辐射的灵敏度最大，而对红光和紫光的灵敏度小，更不能观测红外和紫外辐射。某些光电倍增管则对紫外线的灵敏度很高。

量子效率，即最后探测到的光子数 N_{out} 和入射的光子数 N_{in} 之比。常采用可**探测量子效率**（DQE），即探测器输出的信噪比 $(S/N)_{out}$ 和输入的信噪比 $(S/N)_{in}$ 的平方之比。一般照相底片的探测量子效率为 0.1% ~ 1%，敏化处理后可达4%。光电倍增管的探测量子效率峰值可达30%，某些光电器件的探测量子效率可达90%以上。

时间分辨率和**空间分辨率**。它们分别表征探测器对天体辐射的响应快慢和鉴别天体像细节的能力。

探测器的动态范围。有两种含义，一种是指饱和输出与暗流信号（噪声）之比，另一种是指输入和输出呈线性的范围。大多用后一种含义。

常用的探测器

人眼和**目镜**。虽然人眼作为探测器有因人因时而异等缺点，却方便常用。熟悉眼睛的性能才能很好地发挥观测效用。眼睛瞳孔直径在白天仅约2毫米，黑夜可扩大到6～8毫米。虽然直接用眼睛观测的极限星等一般只到6^m，分辨角仅1′，但借助目视望远镜可以看到很暗的天体及分辨细节。人眼是有选择性的，对可见光尤其黄绿光和黑暗环境很敏感，甚至可以觉察出几个光子的作用，从黑暗到光亮环境适应较快。但从光亮环境到黑暗环境需要有15分钟以上的时间才能适应，因此，在观测中应避免强光照射眼睛。目视观测的时间分辨率较高，可以观测到天体的变化现象，但视觉反应要慢0.1～0.25秒，而且光作用停止后还有"视觉停留"，不能辨别快于25次/秒的闪现现象。

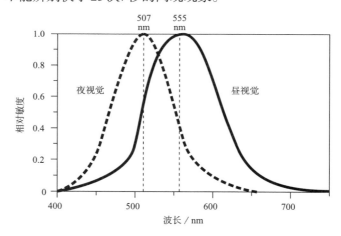

图4.4-2　眼睛的分光响应（视见曲线）

用望远镜进行天体的目视观测需要目镜。目镜起两种作用：一是放大天体像的视角，这对观测延展天体（月球、行星、彗星、星云）表面的细节和分辨近距恒星（双星、聚星、星团）是很重要的；二是目镜的前焦点调节在物镜（焦面）所成的天体像上，这样从目镜的出射光束变为平行光，使人眼观测很方便。显然，目镜的光学质量好坏会影响观测效果。为完善目镜的性能，增大视场，提高成像质量，人们已经研制出多种现代目镜。例如，Radian 系列目镜，视场 60°；超广角 SWA (Super Wide Angle) 系列目镜，视场 67°；Nagler 系列目镜，视场可达 82°。大视场目镜要转动眼球才可看遍，有所谓"太空漫游"的感觉，但结构复杂，价格昂贵。

照相底片。在天文学发展中，照相底片作为探测器发挥过重要作用，目前仍有一定的使用价值。照相底片的特点是：底片尺寸足够大（如 30 厘米 × 30 厘米，甚至 50 厘米 × 50 厘米），可配合大视场望远镜使用；底片颗粒细小，配合长焦望远镜使用，分辨本领好；长时间感光，可拍摄很暗的天体；底片的信息容量大，比一般电脑的信息容量还大。照相底片的缺点是：可探测量子效率低，仅 4%；响应的非线性，测量需定标特性曲线——"照相密度"（即黑度）与露光（能）量关系；动态范围（"宽容度"）小，一般几十倍；底片各部分不均匀，有像晕等缺陷。

光电探测器。利用金属或半导体受辐射作用而发生电性变化的现象（**光电效应**），已制成多种光电器件，如光电倍增管、像增强器（或摄像管）等。现在更普遍地使用电荷耦合器件（**CCD**），它是多元光敏（半导体）二极管面阵的固体探测器，兼备照相底片和光电倍增管的优点。现今的长焦物镜数码照相机可以作为天体照相仪，可以取下望远镜的目镜，把数码照相机机盒接到望远镜目镜端，直接拍摄天体。

5 天体的"亮度"
——光度学

人类用肉眼观测光源或天体射来的光，感觉它们的亮暗程度而提出"亮度"概念。实际上，甚至现在的许多书刊上仍有对"亮度"概念相当含混不一的情况。显然，手上的小电珠看起来比星光亮得多，但实际上，与星体的巨大发光本领相比，小电珠的发光是微不足道的。在物理光学和天文学上，可见光的亮度观测研究总称为"光度学"和"光度测量（简称测光）"；在广义上，应理解为辐射测量，包括探测方面和光源（天体）辐射方面的一些概念和计量。

辐射流和天体光度

单位时间经过某面的光能量，称为光流量，或简称光流，也称光通量；普遍推广于其他波段，称为**辐射流量**，或简称辐射流，也称辐射通量；常用符号 P 或 Φ 表示，一般使用功率单位瓦（焦耳/秒）或尔格/秒。

天体的辐射本领应是其各波长辐射的总功率——**光度**（常用符号 L），有时用一般功率单位。天文上常用太阳光度 $L_\odot$ 为单位，$1\,L_\odot = 3.845 \times 10^{26}$ 瓦。

辐射强度与照度

天体的单位面积在其法线方向、单位立体角内发出的辐射流，定义为**辐射强度** I，又称明度，或面亮度。

对于接受天体辐射的人眼或探测器来说，入射到其单位面积的辐射流，称为**照度** E，这就是一般感觉的亮度或"视亮度"。若天体光度 L 的辐射在传播中无吸收，则离天体 r 远处的照度 E 为：$E = L/4\pi r^2$。实际上，天体的辐射在传播中（尤其经过地球大气和仪器）受到选择性吸收，而人眼等探测器对不同波长辐射的灵敏度（即光谱响应）不同，因此，需要考虑各波长的"单色"辐射，而上述的物理量都是各波长辐射累加的总量。

星等和星等系统

前面已讲过视星等。严格地说，人眼感觉的只是可见光波段辐射，而且对不同波长（颜色）光的响应不同，人眼的光谱响应称为视见函数 V_v，人眼实际感觉的所限波段为照度 E_v。

光学中，光通量或光流的单位是流明，光照度的单位是勒克斯（1勒克斯＝1流明/米^2）。实验测定得出，1勒克斯相当于视星等 -13.98^m 的恒星产生的光照度，0^m 的星在地球大气外产生的光照度为 2.54×10^{-6} 勒克斯。

由于观测仪器系统不同，尤其探测器的光谱响应不同，观测到的主要是其最敏感波段的辐射，所以，不同仪器系统对同一颗星测出的星等值不同，于是就有不同的星等系统或光度系统。人眼对黄绿光波段最敏感，所观测的星等称为**目视星等**，记为 m_v。早期的照相底片对蓝紫光波段最敏感，所观测的星等称为**照相星等**，记为 m_p。为了用照相术测定星等，用正色底片加黄绿色滤光片和不加滤光片所观测的星等分别称为**仿视星等**和**照相星等**，记为 m_{pv} 和 m_{pg}。1922年，国际天文学联合会综合各天文台观测结果，归化为国际二色系统，记为 IP_v 和 IP_g。

1953年，约翰逊和摩根用锑铯光阴极的光电倍增管和特定的紫、蓝、黄三种滤光片的光电光度计测光，建立 UBV 星等系统，其中 V 星等与目视星等相近。UBV 三色系统为研究星际消光、银河系结构和天体演化等提供了极有用的资料，因而被普遍采用。人们利用 *UBV* 系统观测了大量银河星团、球状星团和其他恒星。此外，还有用其他各种宽带或窄带滤光片和光电倍增管的光电光度计建立的多色星等系统，但使用不够广泛。

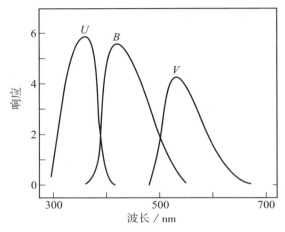

图4.5-1　*UBV*（紫、蓝、黄）星等系统的分光响应

我们看见恒星视运动从天顶到近地平时就变得暗红，这是因为星光被地球大气吸收和散射而减弱的缘故。星光经过大气而发生的减弱及颜色变化，称为"大气消光"。因此，观测的星等应当改正大气消光而归算到大气外星等。

色指数和色温度

恒星的辐射能谱主要由恒星表面温度决定，如普朗克定律表明：温度高，辐射能量主要在短波区；温度低，辐射能量主要在长波区。因此，表面温度不同的恒星呈现不同颜色，而同一颗恒星在不同波段的测光星等与其表面温度有关。

　　同一颗恒星在不同波段的测光星等之差，称为**色指数**。常用的色指数C是照相星等与目视星等之差，即$C = m_p - m_v$，或$C = m_{pg} - m_{pv}$。对于UBV星等系统，色指数直接写为$B-V$、$U-B$。研究得出，恒星表面温度$T(\text{K})$与色指数的近似关系为：$T = 7\,200/(C+0.64)$；对于温度在$4\,000 \sim 10\,000\text{K}$的恒星，更好的近似关系为：$T = 8\,540/\{(B-V)+0.865\}$。

6 天体的光谱线为什么会位移

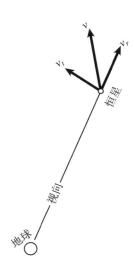

图4.6-1 恒星的运动

　　古人以为恒星是固定在天球上不动的，因而称它们为"恒"星。恒星的位置真的不变吗？现代天文学已经知道，恒星都处于不停的运动之中，只是由于距离太遥远，我们不容易观察到它们的运动。725年，中国唐代天文学家张遂（僧一行）在一次规模宏大的恒星位置测定工作中，发现了人马座ξ1（中名 建星）的位置与古代的记录不一致，从而发现了它的位置移动。1718年，英国天文学家哈雷把他测定的大角星和天狼星的位置与托勒密的观测结果相比较，发现这两颗星经过1 500多年有了明显位移。实际上，每颗恒星（包括太阳）都在运动着。对地球上的观测者来说，观测到的是恒星相对于地球的运动。进行了地球公转和自转的改正后，便归算为恒星相对于太阳的运动，称为恒星的空间运动。

　　恒星空间运动的方向是多种多样的。为了观测研究方便，常把恒星的空间速度 v 分成切向速度 v_t 和视向速度 v_r 两个分量。恒星每年在天球上的位移角度称为恒星的**自行**。若测出它的距离，就容易算出切向速度 v_t。例如，蛇夫座巴纳德星的自行是10.31″/年，距离我们约6光年，v_t 为88千米/秒。那么，怎么测定视向速度 v_r 呢？由恒星光谱线的多普勒位移来测定，如果恒星在远离太阳，则 v_r 取正值；如果恒星在接近太阳，则 v_r 取负值。

　　当火车向我们开来时，其汽笛声调变高昂（即声音频率变高，或波长变短），而远离时，声调变低沉（即声音频率变低，或波长变长），这种现象称为**多普勒效**

应。同样，天体辐射源接近我们时也观测到其辐射频率变高（波长变短，谱线蓝移），而远离我们时其辐射频率变低（波长变长，谱线红移），频率改变量 $\Delta\nu$ 或波长位移 $\Delta\lambda$ 与相对运动速度的视向分量 v_r（**视向速度**）有如下关系：

$$\frac{\Delta\lambda}{\lambda_0} = -\frac{\Delta\nu}{\nu_0} = \frac{v_r}{c}$$

式中，c 为光速，ν_0 和 λ_0 分别为静止的频率和波长，负号表示远离时速度为正。当 v_r 很大时，则应当改用相对论公式。

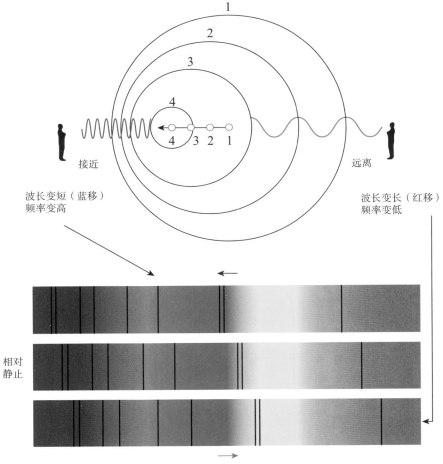

图 4.6-2　多普勒效应导致光谱线位移

实际上，观测的多普勒位移（视向速度是相对于望远镜的），还应当加上地球自转、地球绕太阳系质心公转影响的改正，最后归算为相对于太阳系质心的视向速度。因此，准确测定视向速度是相当困难的。至今已测定几万颗恒星的视向速度，60%在-20～+20千米/秒，近4%大于60千米/秒，最大的超过500千米/秒。

许多双星的两子星角距很小，甚至用望远镜也分辨不出来，但可从它们光谱线的周期性多普勒位移确定分光双星的轨道要素。当双星轨道面与视向交角较小时，相互绕转的子星就有视向速度的周期性变化。考虑轨道面在视向的两种情况：两子星都较亮时，在它们绕转到A和B位置，A有接近的视向速度而谱线蓝移，B有远离的视向速度而谱线红移，可以观测到每颗星的谱线交替蓝移和红移（双谱），得到两条视向速度（随时间变化）曲线；若一颗子星很暗，那么就只能观测到亮星谱线的周期性位移（单谱），得到一条视向速度曲线。

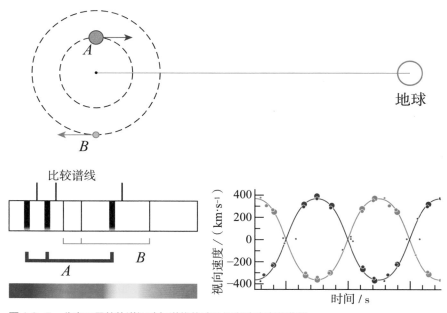

图4.6-3　分光双星的轨道运动与谱线位移及视向速度变化曲线

通过光谱线位移观测也可以测定视面星体（太阳、月球、行星、星云等）的自转。由于自转，视面星体的一侧边缘有远离我们的视向速度而光谱线红移，另一侧边缘有接近我们的视向速度而光谱线蓝移。通过光谱线的测量可以得出视向速度的大小，进而推算出星体的自转周期。对于恒星，自转导致其光谱线变宽，结合理论研究，可以从光谱线的轮廓得到其自转周期。

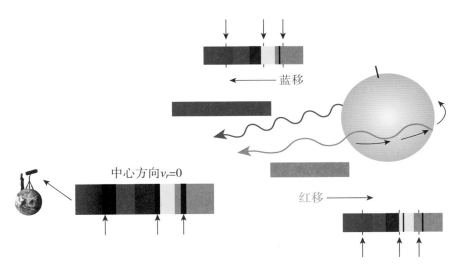

图4.6-4　从光谱线位移可以得出视面星体的自转特性

7 探测天体电波的射电望远镜

1932年，美国无线电工程师央斯基发现宇宙射电，第二次世界大战后射电天文学很快发展，人们研制了很多射电望远镜，观测从毫米到千米波长的各种天体射电。射电波可以透过云雾，因此，射电望远镜可以"全天候"观测。

射电望远镜的基本结构

因为射电辐射和光学辐射都是电磁辐射，射电望远镜的基本结构和工作原理跟光学望远镜类似，但因工作波段不同而又有所差别。射电望远镜有天线、接收机和记录仪三部分。天线相当于光学望远镜的物镜，包括反射器和拾取器（相当于电视天线）。大的盘状反射器用于收聚天体的射电辐射，并聚集到拾取器，再经传输线送入接收机。接收机相当于光学望远镜的分析器和探测器，对微弱的射电波进行放大和检测，并转换成可供记录的信息，传给记录仪及数据处理与显示设备，以图或表的形式显示。每架射电望远镜都有特定的工作波长或频率。

图4.7-1 射电望远镜的基本结构

　　天线系统有三种类型：旋转的抛物面天线、固定的抛物面天线、组合天线系统。跟光学望远镜一样，旋转的抛物面天线又有赤道式和地平式两种装置。固定的大抛物面天线附着于山谷，可以降低加工难度，减少重力变形，并且造价低。目前，国外最大的射电望远镜是美国Arecibo的305米（扩建为350米）固定天线射电望远镜。我国在贵州建设的500米固定天线球面射电望远镜已经在2016年9月完成验收，这是目前世界上最大的单口径射电望远镜。

图4.7-2　美国Arecibo的口径305米射电望远镜

图4.7-3　中国贵州的口径500米射电望远镜

射电干涉仪望远镜和综合孔径射电望远镜

根据电磁波的干涉原理，使用组合天线系统来得到一个巨大天线的效果，这类射电望远镜称为**射电干涉仪**。**甚长基线干涉仪**采用原子钟控制多个天线，在同一时刻分别接收同一射电源信号并各自记录在磁带上，然后把磁带一起送入处理机进行相关运算，来得到最后结果。中国和德国在1981年联合进行的一次甚长基线（8 200千米）干涉仪测量，分辨角达到0.002″，某些洲际甚长基线干涉仪的分辨角小到0.000 2″。日本的通信和天文高级现代实验室采用绕地球轨道上的8米射电望远镜与地面射电望远镜组成干涉仪，得到相当于直径32 000千米射电望远镜的高分辨射电图。

英国射电天文学家赖尔研制出一种灵敏度高、分辨角小、能够成像的"综合孔径射电望远镜"。因为这项重大突破，他荣获了1974年诺贝尔物理学奖。这种类型的射电望远镜，观测天区的范围取决于各单天线的视场（主瓣宽度），而分辨角取决于大圆直径，实用上以多个天线系统作为移动的小天线。例如，美国国家射电天文台的**甚大天线阵**（VLA）有27个直径26米的天线，排成"Y"字形，北臂长19千米，西南臂和东南臂各长21千米，在厘米波段工作8小时，可以得到一幅分辨达角秒的射电天图。

除了被动地观测天体射电辐射之外，有的射电望远镜还有发射设备，作为雷达而主动向金星、一些小行星和彗星发射电波，再接收它们反射的回波，探测它们的大小和表面性质。

图4.7-4 美国国家射电天文台的甚大天线阵(VLA)

8 红外望远镜和紫外望远镜

天体不仅有可见光波段和射电波段辐射，还有其他波段辐射。为了观测它们的信息，研制了多种望远镜。

红外望远镜

表面温度低于 1 000K 的天体主要发射红外波段辐射。早在1800年，赫歇尔就发现太阳的红外辐射，但天体的红外观测进展很慢，这是因为地球大气吸收天体的红外辐射，而且受大气和仪器本身的热辐射背景影响及观测技术还存在困难。近半个世纪以来，红外技术发展很快，除了地面红外观测，还应用飞机、气球、火箭、人造卫星及飞船进行高空和太空红外线观测。

红外望远镜的基本结构跟一般光学望远镜类似，包括光学系统、机械装置、电控设备三部分，只是为了克服上述困难而采用专门技术。

图4.8-1 斯必泽太空望远镜

地面红外观测主要受大气中 H_2O、CO_2、O_3、CH_3、N_2O、CO 等吸收影响，因此要选择大气水汽少、海拔高的台址，在几个红外"大气窗口"进行观测。

2微米全天巡视（2MASS）项目分别于1997年6月在美国和1998年3月在智利开始巡天观测，其使用的两架高度自动化红外望远镜，口径为1.3米，焦比为 F/13.5，并配备在J（1.25微米）、H（1.65微米）、K（2.17微米）波段的CCD探测器。2001年1月完成巡天观测，得到的全天巡天表包括4.7亿多点源、164万多展源的位置和测光数据，以及412万多张的JHK图像集，覆盖了天空面积的99.998%。

高空红外观测可以克服地球大气的吸收和干扰影响，扩展观测波段。例如，波音747飞机载平流层红外天文台携带2.5米望远镜可到10 ~ 20千米

图4.8-2　赫歇尔太空天文台

高度，高空气球携带红外望远镜可到40 ~ 45千米高空，火箭可到150千米高空进行红外观测。更重要的是可脱离大气层干扰影响的红外卫星和太空飞船进行的红外观测。例如，2003年美国发射的斯必泽太空望远镜（Spitzer Space Telescope），主镜口径为65厘米，携有红外阵列（3.6、4.5、5.8、8.0微米波段）照相机、红外光谱仪、多波段成像光度计。2009年欧洲航天局发射的赫歇尔太空天文台（Herschel Space Observatory），望远镜的口径为3.5米，焦比为 F/8.7，配有光电探测器阵列照相机和光谱仪、光谱仪和光度成像接收机、远红外外差仪，工作波段在远红外至65 ~ 671微米。

紫外望远镜

对于紫外辐射很强的恒星，发射线很多，可以从紫外观测得到天体的很多重要信息。

近紫外观测可在地面用光学望远镜进行，但波长短于300纳米的远紫外辐射完全被大气的臭氧层吸收，需要用紫外望远镜到高层大气和太空进行观测。

紫外望远镜的结构跟一般光学望远镜类似，但由于一般光学材料的紫外透射率很低，所以折射望远镜不适于紫外观测，而使用反射望远镜且镀紫外反射率高的膜（如，镀铝再加镀氟化锂或铂、或硫化锌等，并经其他技术处理），也需热效应小及性能稳定的材料加工反射镜。探测器则选用紫外敏感的照相底片、光电倍增管、摄像管及电离室。

1946年，V-2火箭携带仪器飞到100千米高空拍摄太阳紫外光谱，而后，火箭多次升空进行紫外天文观测，但观测时间短及稳定性不够好。目前，紫外天文观测主要用卫星来进行。例如，1972年8月21日发射的OAO-3，为纪念哥白尼诞辰500周年而命名为哥白尼卫星，携带一架81厘米、$F/20$的卡式望远镜和光谱仪观测热星紫外（95～350纳米）光谱，正常运行了9年。

1978年1月28日，欧美共同研制发射的国际紫外探测者（IUE），主体是口径45厘米、焦距6.74米的卡式望远镜和光谱仪，观测波段为115～320纳米，运行到1996年。1992年6月，美国发射的极紫外探测器（EUVE）携带四架望远镜和现代探测器，观测波段为7～76纳米，运行到2001年。2003年4月28日，美国发射的星系演化探测器（GALEX），运行在高度697千米、倾角29°的近圆形轨道上，携带的望远镜直径0.5米、焦距3米，探测波段为135～280纳米（远紫外线），可以探测星系的距离及各星系内恒星形成的规模。

图4.8-3 哥白尼卫星

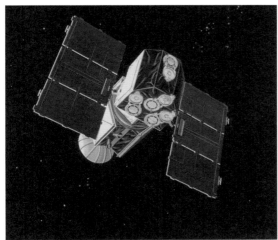

图4.8-4 美国发射的
极紫外探测器（EUVE）

图4.8-5 美国发射
的星系演化探测器
（GALEX）

175

9 X射线望远镜 和伽马射线望远镜

天体的X射线和伽马射线完全被地球大气吸收，因此需要太空探测。虽然在20世纪40年代至50年代末，用气球和火箭先后开始了X射线和伽马射线观测，但这两类观测主要还是20世纪70年代后用人造卫星进行的。

X射线望远镜

一般光学望远镜不能用于观测天体的X射线辐射。1960年，布莱克等用针孔照相机获得太阳的X射线照片。1973年，他们用两个互补的多孔径针孔板获得分辨角小于1′的太阳（0.8～2纳米波段）像。同时期，利用掠射光学原理研制出X射线望远镜，它由抛物柱面—双曲柱面组合的反射物镜成像，分辨可达几角秒。1970年，名为Uhuru（意为"自由"）的X射线望远镜进入轨道，它探测到近170个分立X射线源。后来，三个高能天文卫星HEAO携带更灵敏的仪器，探测到数百个X射线源，其中，HEAO-2为纪念爱因斯坦诞辰百年而命名为爱因斯坦天文台。功能最多的是德国、美国、英国合作于1990年6月1日发射的ROSAT卫星（伦琴卫星），轨道高度580千米，搭载两台成像望远镜，工作能段分别为0.1～2.4 keV的软X射线和0.06～0.2 keV的极紫外线，测绘X射线天图并指向选择对象，工作

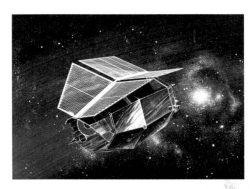

图4.9-1 爱因斯坦天文台

9年探测了15万个X射线源和一批紫外源。1999年，美国发射新型X射线天文台AXAF，后来为纪念诺贝尔奖获得者钱德拉塞卡而改名为钱德拉X射线天文台。这是一架1.2米望远镜，工作波段在0.25～6纳米，可探测比从前暗50倍的天体，分辨角小10倍，并可得到天体的X射线像。此外，1999年12月欧洲航天局发射升空的XMM-牛顿卫星，装备了三部X射线望远镜，可长时间、不间断地观测深空，它让欧洲天文学界获得了诸多突破，如观测到迄今在遥远宇宙看到的最大星系团。

图4.9-2　钱德拉X射线天文台及其所摄图像

伽马射线望远镜

伽马射线更难以探测，因为伽马射线光子能量高于50万电子伏特，无法使用物镜聚焦成像。伽马射线望远镜实际上以光子探测器（电离室或其他类型光子计数器）为主，并为确定伽马射线源的方位和角大小而在前面加"准直器"屏蔽。

三个重要的伽马射线望远镜载于美国国家航空航天局发射的SAS 2等小天文卫星。伽马射线望远镜也载于苏联的两颗卫星和欧洲航天局的COS B卫星。

1991年4月5日，美国的康普顿（伽马射线）空间天文台（Compton GRO 或 CGRO）由航天飞机送入450千米高的近地轨道。它的主要任务是开展伽马波段的首次巡天观测，同时也对较强的宇宙伽马射线源进行高灵敏度、高分辨率的成像、能谱和光变测量。它配备的仪器在规模和性能上都比以往的探测设备有量级上的提高。这些设备的研制成功为高能天体物理学的研究带来了深刻变化，也标志着伽马射线天文学开始逐渐进入成熟阶段。

2004年11月20日，美国、英国、意大利合作的雨燕卫星（Swift Gamma-Ray Burst Mission）发射升空，运行在高度约60千米的近圆形轨道上，周期为90分钟，主要仪器有：爆发警示望远镜（BAT），工作能段为15～150 keV；X射线望远镜（XRT），能够对伽马射线暴的余辉进行成像，精确测定伽马射线暴的位置，工作能段为0.2～10 keV；紫外/光学望远镜（UVOT），工作波段为170～650纳米，能够对伽马射线暴在光学波段的余辉进行成像，也能测定其亮度和光谱及长时间光变曲线。

2008年6月11日，美国、德国、法国、意大利、日本和瑞典联合发射费米伽马射线空间望远镜（Fermi Gamma-ray Space Telescope，原名 Gamma-ray Large Area Space Telescope，GLAST），包括大面积望远镜和伽马射线暴监视系统，预计在高度550千米近地轨道观测5～10年。大面积望远镜进行大面积巡天以研究天文物理或宇宙论现象，如活动星系核、脉冲星、其他高能辐射来源和暗物质。伽马射线暴监视系统用来研究伽马射线暴。当望远镜找到 CTA 1 超新星遗迹内的中子星时，发现该中子星只发射伽马射线。此型中子星是第一次被发现的，这颗新发现的中子星以316.86毫秒的周期脉动，距离地球约4 600光年。2008年9月，费米伽马射线空间望远镜记录到船底座发生的伽马射线暴 GRB 080916C，这次暴的能量相当于9 000颗超新星爆炸，其相对论性喷流的运动速度至少有光速的99.999 9%，总之，GRB 080916C 有目前所见的"最高的总能量，最快的运动，最高能量的初始辐射"。费米伽马射线空间望远镜可以提供越来越详尽的资料，帮助人们不断地探索宇宙深藏的奥秘。

图4.9-3　康普顿（伽马射线）空间天文台　　图4.9-4　雨燕卫星拍摄到恒星爆炸

图4.9-5　费米伽马射线空间望远镜

10 类星体是怎样发现的

类星体的发现

　　英国射电天文学家赖尔用射电干涉仪巡天，1959年发布《剑桥射电源表第3版（简称3C）》，包括471个射电源。当时的射电观测定位精确度比光学观测还差得多。1960年，在搜寻射电源的光学对应天体时，马修斯和桑德奇在射电源3C 48的位置上找到了一个视星等为16^{m}的恒星状的奇怪天体，周围有很暗的星云状物质。它的紫外连续辐射比主序星强，亮度有变化，最特别的是光谱中有几条完全陌生的宽发射线，后来被认证为已知谱线红移。他们接着发现射电源3C 196、3C 286和3C 147也有貌似恒星的对应光学天体，它们光谱中的发射线也无从认证。1962年，在观测月掩强射电源3C 273时，发现其位置上有一颗13^{m}的蓝色暗星，其光谱中的发射线同样令人深感困惑。

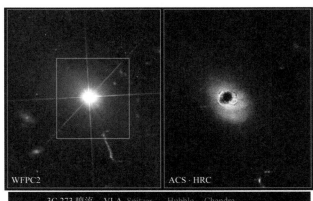

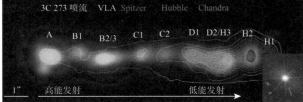

图4.10-1　类星体3C 273的可见光照片和喷流的多波段照片。上左：哈勃空间望远镜摄；上右：日冕仪摄；下：3C 273喷流的多波段照片，蓝-钱德拉X射线天文台摄，绿-哈勃空间望远镜摄，红-斯必泽红外望远镜摄，黄-甚大射电天线阵摄

1963年，施米特揭开3C 273光谱之谜。他认证出一些奇特发射线原来是氢的巴耳末线系谱线，只是由于很大的红移而不易被认证。若观测的天体光谱谱线波长为λ，而静止的比较光谱对应谱线波长为λ_0，则红移$z = (\lambda - \lambda_0)/\lambda_0$。3C 273巴耳末线系谱线红移$z = 0.158$。后来又发现3C 273在紫外有波长141.0纳米强发射线，按$z = 0.158$计算，它正常的波长应为121.6纳米，这就是L_α线，因而进一步证实红移解释。格林斯坦分析3C 48

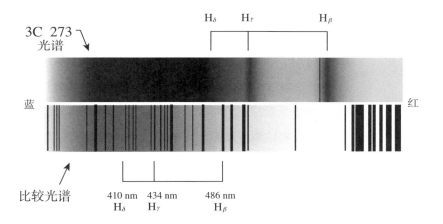

图4.10-2　3C 273的光谱发射谱线的认证，氢的巴耳末线系谱线H_δ、H_γ、H_β都有红移

的光谱，得出$z = 0.367$。于是，把像3C 48和3C 273之类的貌似恒星、光谱线有很大红移的射电源称为"类星射电源"。它们所具有的紫外辐射极强、颜色显得很蓝的特征，启发天文学家用紫外敏感的底片去搜索这类天体，果然很快发现了许多红移很大的"蓝星体"。但它们在射电波段上却是宁静或很弱的，以致射电望远镜不易发现它们。后来将类星射电源和蓝星体统称为**类星体**（Quasi-Stellar Object，简称QSO，或Quasar）。类星体的命名冠以QSO，然后加上其赤经和赤纬，如类星

体 3C 48 的赤经 13^h35^m 和赤纬 +33 度，于是命名为 QSO 1335+33。银河系内的恒星最大红移 $z = 0.002$，而类星体的红移至少大一个数量级，因而根据红移就可以区别类星体与银河系内的恒星。

除了貌似恒星以外，类星体的主要特征有：光谱中都有发射线，红移远大于银河系内的恒星，有不少类星体红移 $z > 1$，光学连续辐射谱是不同于黑体的非热辐射，爱因斯坦 X 射线天文台和 ROSAT 卫星记录到很多类星体是 X 射线辐射源，还发现几十个类星体有伽马辐射。许多类星体光谱中有吸收线，它们是碳、氮、硅等元素的离子产生的，与发射线相比其吸收线要窄得多（但有少数宽吸收线类星体，其吸收线比发射线还宽）。多数天文学家认为，类星体的吸收线是类星体与观测者之间的星系晕或星系际气体产生的，而红移与发射线很接近的吸收线则可能是在类星体本身的气体晕中产生的。

类星体红移的争论

绝大多数类星体比一般可见星系的红移大得多，对此如何解释呢？

一种观点认为，类星体的红移是因宇宙膨胀而河外天体退行的反映，称为**宇宙学红移**。按哈勃定律来计算距离（常称作宇宙学距离），类星体是很遥远的。有的类星体位于星系团的视方向上，很难鉴别它们是星系团的成员还是前景的或背景的天体。在类星体 3C 206（$z = 0.206$）周围约 200 个暗的星系中，已拍摄到两个星系的红移（$z = 0.203$）几乎与 3C 206 一样，说明这个类星体位于一个星系团内，红移应是宇宙学的。非常远的类星体能被看到，表明它们的光度非常大（至少是银河系的

100倍）。3C 273 的光度达 $10^{14}L_\odot$，不仅这样大的光度是天文学家没有见识过的，而且更令人惊奇的是它发射能量的区域很小（直径小于1光年）。

另一种观点认为：类星体红移是局地的，并非宇宙学的。还有人曾提出光子衰老、类星体中央有大质量黑洞等几种观点。

总之，红移原因一直是被争论的问题。主张非宇宙学红移的人，将类星体能源难题转移为解释大红移，但同样遇到困难，并且举证的观测资料也不是确凿无疑的。现在，大多数天文学家赞成宇宙学红移观点，认为类星体是遥远天体，辐射要经过漫长岁月才能到达地球，因此观测到的是其年轻时的情况，红移越大的，距离越远，也是越年轻的。所以，可以把类星体作为研究宇宙早期状态的"探测器"。

类星体和星系的联系

类星体与活动星系有一些相似观测特征，说明它们具有某些相同的物理性质，可能存在着某种连贯性。类星体的特征也可以用统一的活动星系核模型来解释。其中央有 $10^7 \sim 10^9 M_\odot$ 的黑洞，周围物质形成转动的吸积盘，经吸积盘流入黑洞的物质足以释放类星体的能量。从黑洞往盘两侧有喷流，类星体的射电辐射可能是喷流中高能气体和磁场产生的同步加速辐射。

吸积盘的取向很重要。若吸积盘面向我们，就观测到有一个喷流指向我们的类星体。若吸积盘面略倾斜，就观测到不同特征的类星体。用活动星系核统一模型可以了解类星体和活动星系的联系。例如，利用穿过尘埃的红外辐射观测到双瓣射电星系——天鹅A，发现隐藏的类星体。有一种观点认为，类星体的现象标志着星系核在演化早期阶段的激烈活动。如果上述的演化序列是正确的，那么类星体仅是极度活动的星系核，它们周围还应有星系盘。对于红移大的类星体，由于距离太远，星系盘太暗弱，角直径也太小，因此难以看到。但对于较近的一些类星体已经找到星系盘的证据，例如3C 273、3C 206的周围都有模糊的结构，其光谱类似于星系，红移与中央的类星体一致。这样的观测资料有利于支持类星体是明亮星系核的观点。

图4.10-3　活动星系核模型

11 脉冲星是怎样发现的

脉冲星的发现

　　1967年7月，英国剑桥大学休伊什小组研制成观测小角径射电源的星际闪烁射电望远镜，工作波长3.7米，可记录迅变信号；研究生贝尔于8月6日意外地记录到一组很强的信号起伏，经过一个月监测，排除了来自地球上的或太阳的干扰可能；随即安装了一台能记录到信号强度更快变化的接收机，于11月28日首次看到了这个奇怪源的信号是一系列有规则的脉冲，脉冲周期为1.337 3秒。不久，贝尔又发现另外三个源，脉冲周期都是1秒左右。他们以为这是科幻小说中的外星人"小绿人（LGM）"发来的讯号，称它们LGM 1、2、3、4。贝尔写道："一帮傻乎乎的小绿人选择了我的天线和频率来跟我们通信。"但他们很快断定射电脉冲不是外星人的信号，而是来自特殊天体，后来称作脉冲星（Pulsar）。实际上，在此之前，别的射电望远镜曾记录到几次脉冲星信号，但都当作干扰信号而忽视了。1968年，他们在《自然》发表《一个快速脉冲射电源的观测》一文。这一发现震动了天文界，新的观测研究成果纷至沓来。为此，休伊什获得了1974年诺贝尔物理学奖。

　　特别重要的是在1968年发现的船帆座超新星遗迹中和蟹状星云中的脉冲星，它们的脉冲周期分别为0.089 2秒和0.033 1秒。1969年和1970年又先后发现蟹状星云射电脉冲星的光学、X射线和伽马射线脉冲，周期与射电脉冲的周期一致，其能量主要集中在X射线波段；它

图4.11-1　休伊什（右）和贝尔（左）

的光谱很特殊，只有连续谱，没有吸收线；很久以来就怀疑它是1054年超新星爆发后留下的星核。1974年发现船帆座射电脉冲星的伽马射线脉冲，1977年又发现它的光学脉冲。

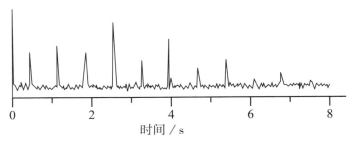

图4.11-2　脉冲星PSR 0329+54的射电脉冲记录

后来，脉冲星统一采用3个字母PSR（脉冲射电源"Pulsating Source of Radio"的缩写），并附以赤经的数字、赤纬的度数来命名。例如，第一颗发现的脉冲星命名为PSR 1919+21，蟹状星云脉冲星和船帆座脉冲星分别命名为PSR 0531+21和PSR 0833－45。有时为了明确起见，以射电脉冲星、光学脉冲星、X射线脉冲星和伽马射线脉冲星分别专指不同波段发现的脉冲星。已发现的光学脉冲星和伽马射线脉冲星很少，其他的脉冲星都是射电脉冲星或X射线脉冲星。

在脉冲星的发现历史上，有一个很值得讲述的例子是，三名美国在校的中学生天文"发烧友"曾发现了一颗脉冲星。钱德拉空间望远镜发回的资料引起了他们的兴趣，他们发现在IC 443的超新星遗迹中有些特别的地方，似乎存在一个点状的X射线源，这表明那里很可能会有一颗脉冲星。这个发现获得了专家的认可。脉冲星专家布赖恩博士对此评价说："这是一个实实在在的科学发现。有关人员都应该对此成就感到骄傲。"

图 4.11-3　IC 443 的超新星遗迹

脉冲星的特征

　　射电**脉冲星**主要有如下特征：（1）脉冲周期在1.5毫秒至8.5秒范围，脉冲持续时间多数在0.001～0.05秒；（2）脉冲周期是稳定的，像原子钟那样准确，如PSR 1937+214在一年仅少$3×10^{-12}$毫秒。但是相隔一段时间，发现周期也会略变长，如PSR 0531+21的周期变率最大（$3.6×10^{-8}$秒/天）。个别脉冲星，如PSR 0833-45，除了很规则的周期增长外，还有不规则的周期突然变化；（3）单个脉冲辐射常是高偏振的，具有强磁场（10^7～10^8特斯拉）；（4）辐射功率为10^{18}～10^{24}瓦；等等。

　　早在1932年，查德威克发现了中子之后不久，郎道就大胆提出预言：在宇宙中可能存在基本上由中子组成的星体，称之为**中子星**。不久，又有天文学家提出超新星爆发可以产生中子星，甚至指出在蟹状星云中有一颗中子星。在恒星的核燃料耗尽以后，恒星中心部分的坍缩引起超新星爆发时，向中心坍缩的质量超过$1.4M_⊙$而又小于$2.0M_⊙$时，强大的引力导致电子和质子作用变成中子，形成中子的海洋，最后，因为中子所产生的压力可以抵抗引力而使坍缩停止，从而形成稳定的中子星。

　　脉冲星的特性可用"倾斜自转的磁中子星模型"来解释。中子星有很强磁场，磁轴与自转轴倾斜，沿着磁轴发射的辐射束随着中子星

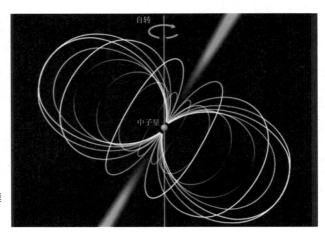

图4.11-4　倾斜自转的磁中子星模型。从磁极区发出的辐射束随自转像灯塔那样扫射

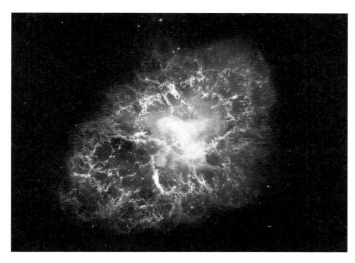

图4.11-5 （蟹状星云中央）脉冲星的X射线像，显示发射束（喷流）和赤道面的激发气体

自转，就像灯塔的光束扫射那样，当它扫过地球的方向时，就观测到一个脉冲。中子星每自转一周，辐射束就扫过地球一次，因此，脉冲周期就是中子星的自转周期。若中子星的辐射束不指向地球，就不能被发现。若脉冲星太远，脉冲信号很弱，加上受星际空间大量自由电子的干扰，脉冲特征变得模糊，也难以发现。因此，银河系内实际存在的脉冲星数目应当比已经发现的多得多，估计有上亿颗。

蟹状星云是超新星（M1，天关客星，SN 1054）的遗迹，中央的脉冲星（PSR B0531+21）兼有射电、光学、红外、X射线、伽马射线脉冲，脉冲周期0.033秒，脉冲周期减慢率约10^{-5}秒/年，脉冲发射总功率约10^{28}瓦。脉冲周期减慢表明中子星自转在变慢，因而转动能减小。它的转动能损失率约4.7×10^{31}瓦，而蟹状星云的辐射总功率约10^{31}瓦，所以，它减小的转动能足以提供蟹状星云和它自身辐射所需的能量。普遍认为，脉冲星的辐射能由中子星的转动能转化而来。

射电脉冲星自转越来越慢，总有一天，转动能已太小，产生不了可探测到的脉冲辐射。估算脉冲星阶段持续的时间为$10^6 \sim 10^7$年，即百万至千万年。一般来说，脉冲周期越短的射电脉冲星应越年轻。毫秒脉冲星的脉冲周期更短，它们是否更年轻呢？分析表明，它们却是老年脉冲星。一种较流行的解释是毫秒脉冲星在双星系统中，由于吸积物质使自转"再加速"，导致其周期短达毫秒数量级。

12 星际分子是怎样发现的

　　亮星的光谱中显示有星际分子的吸收线。早在1937年就有人发现了星际的CH（次甲基）和CH⁺（次甲基正离子），1940年又发现了CN（氰基），观测到的多为分子发射线。在星际的低温条件下，大量分子谱线在毫米和厘米波段，由射电观测发现。

　　1963年发现了OH（羟基），1968 ~ 1969年发现了NH_3（氨）、H_2O（水）和HCHO（甲醛），1970年发现了CO（一氧化碳）……从已探测的几千条分子谱线论证出的分子已达130多种。它们存在于星际空间及红巨星的拱星包层（气体和尘埃）大气中，其中大多是含碳的有机分子，最复杂的是12个原子组成的C_6H_6（苯）和13个原子组成的$HC_{11}N$（氰基癸五炔）分子，还有18个原子组成的萘离子$C_{10}H_8$。氢是宇宙中最丰富的元素，氢分子H_2无疑是最丰富的星际分子，其次是CO、OH和NH_3。然而，H_2分子在射电波段没有辐射，不能借助射电天文方法观测。但由于CO分子谱线是H_2碰撞激发CO产生的（H_2分子与CO分子之比约为10 000：1），于是CO成了H_2的示踪物——凡是存在CO分子的天区必定有更多的H_2。因此，CO的2.6毫米谱线与HⅠ原子的21厘米谱线都在研究星际物质中发挥着重要作用。在20世纪70年代，哥白尼卫星探测到氢分子H_2的紫外吸收线，在热的（2 000K以上）星际云也观测到H_2的红外发射谱线。在银河系中，星际分子的质量约占星际物质的一半，最丰富的氢大约一半是H_2。

观测表明，虽然有些星际分子（如CO）几乎散布在所有天区，但大多数星际分子集结成团，称为**分子云**。分子云常在 H Ⅱ 区附近，在光学波段通常是暗而看不见的，温度为 $20 \sim 50K$，质量一般为 $10^4 \sim 10^6 M_\odot$，云内应有足够的尘埃来屏蔽星光中的紫外线，使分子免遭破坏。分子的射电或红外辐射光子带走分子云的能量，使云的内部冷却和保持低温。冷而密的大尺度分子云称为**巨分子云**。大量星际物质聚集在巨分子云复合体中，有以下典型性质：（1）大多数由分子氢组成，其他分子只占质量的小部分；（2）平均密度为每立方米几亿分子，个别云略密些；（3）大小为几十到几百光年；（4）复合体总质量为 $10^4 \sim 10^7 M_\odot$，典型的为 $10^5 M_\odot$，个别的为 $10^3 M_\odot$。云的核心冷冻在 10K，密度高达 10^{12} 分子／米^3，常是恒星形成处。

猎户星云后面有个巨分子云，是最近的（1 500 ～ 1 600 光年）分子云之一，由小而密的核心及延伸的低密度云两部分组成。核心大小仅 0.5 光年，密度为 10^{11} 分子／米^3，质量为 $5M_\odot$。低密度云的直径至少 30 光年，最大密度为 10^9 分子／米^3，质量至少达 $10^4 M_\odot$。猎户星云的近旁有许多年轻的恒星，还有著名的马头星云。

微波激射是英文名词 maser[1] 的意译名，也常用音译名脉泽。1965 年，射电天文学家在探测猎户星云中 OH 分子的谱线时，领悟到宇宙中存在着天然的微波激射。后来又发现了水（H_2O）的微波激射，频率为 22 235 兆赫（波长 1.35 厘米）；一氧化硅（SiO）微波激射，频率为 43 122 兆赫（6.95 毫米）和 86 243 兆赫（3.48 毫米）；还有 CH_3OH（甲醇）、NH_3、HCHO、HCN（氰化氢）等分子的微波激射。至今已观测到的微波激射源有 2 000 多个。

1　由 microwave amplification by stimulating emission of radiation 各词头字母组成，意为微波受激辐射放大，简称微波激射。

　　已知的微波激射源可分为两类：一类是出现在星际分子云内或近旁的星际微波激射，另一类是在红巨星的拱星包层中的恒星微波激射。在绝大多数恒星羟基微波激射中，最强发射线是频率1 612兆赫，而不是像猎户星云的1 665兆赫。这反映了不同的微波激射源中物理条件的差异。目前，对星际微波激射的研究尚处在初始阶段，许多问题还不清楚。一般认为是尘埃颗粒或正在形成的恒星的红外辐射，或是分子碰撞。星际微波激射源是相当小的，直径仅几十AU，密度至少达10^{14}分子/米^3。它们几乎都存在于H II区和强红外源这种恒星形成的区域内，可能是恒星诞生的先兆。

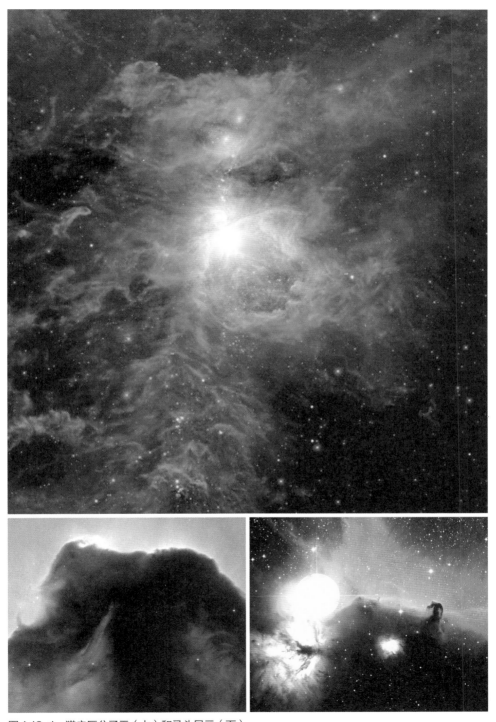

图4.12-1　猎户巨分子云（上）和马头星云（下）

13 宇宙微波背景辐射是怎样发现的

图4.13-1　彭齐亚斯（右）和威尔逊（左）在发现微波背景辐射的号角形天线前

1964年，彭齐亚斯和威尔逊为了查明卫星通信的天空干扰噪声原因，用一架噪声极低和方向性很强的天线（工作波长为7.35厘米）测量了星空的射电辐射，扣除所有已知的（地球大气、地面辐射和仪器本身的）噪声源外，总是接收到来自各个方向的原因不明的微波噪声，强度等效于温度3.5K的黑体辐射，没有季节和周日变化。由此，他们在无意中发现了各向同性的"宇宙微波背景辐射"。早在1948年，伽莫夫就估算宇宙早期会残留有温度5～10K的黑体辐射。1964年，迪克和皮布尔斯等人通过理论研究得出，宇宙原始火球大爆炸后遗留有温度为几K的背景辐射，可在厘米波段观测到，他们还制造了一架射电望远镜进行研究搜寻。这些独立的研究结果不谋而合。1965年，彭齐亚斯和威尔逊共同发表观测到温度约3K的背景辐射，并解释为源自宇宙大爆炸的残余辐射。微波背景辐射、宇宙微波背景辐射、宇宙背景辐射、3K背景辐射、背景辐射都同样指这种来自宇宙背景上各向同性的辐射，这成为20世纪60年代四大发现之一。彭齐亚斯和威尔逊因此获得1978年诺贝尔物理学奖。

原始火球的辐射遗迹应具有黑体辐射谱的特征。为了验证这一点，一些射电天文学家紧接着在0.33～73.5厘米的许多波长上进行了测量，所得结果都符合温度2.7～3.0K的黑体辐射。然而，普朗克定律的分布曲线有一个峰，峰的两侧强度都下降，每个不同的温度对应一个不同的峰值波长。对于温度 2.7K 的黑体辐射，最大强度对应的波长是 1.1 毫米。在 20 世纪 70 年代前期，用气球将红外探测器送入高空，测量 0.6 ～ 2.5 毫米波长的辐射，结果表明强度符合温度 2.7K 的黑体辐射。1989 年 11 月发射的宇宙背景辐射探测器（COBE），探测波长 1 微米～ 1 厘米宇宙背景辐射的方向分布和能谱，搜寻与完全各向同性和理想黑体辐射谱的偏差，结果符合温度 2.726 ± 0.010K 的黑体辐射。近年来更精确的测量发现，微波背景辐射的温度在一个方向上比在相反的方向高 0.003K。这可以解释为，地球及太阳系和银河系有相对于整个膨胀宇宙背景辐射的运动，在运动方向的微波背景辐射的温度应比反方向稍微高一点。由此得出，太阳系相对于由微波背景辐射确定的宇宙静止参考系，以 400 千米 / 秒朝狮子座方向运动。2006 年，负责 COBE 项目的美国科学家马瑟和斯穆特因对"宇宙微波背景辐射的黑体形式和各向异性"的研究成果而获得诺贝尔物理学奖。

2001 年 7 月 30 日，美国发射"威尔金森微波各向异性探测器"（WMAP），更精确地测量整个天空的大尺度各向异性。2003 年披露，详细测量小于 1° 的角功率谱，紧紧地约束了各种宇宙学参数，其结果与宇宙暴涨及其他各种相互竞争的理论的预期大致相符。

2009 年 5 月，欧洲航天局发射普朗克（Planck）卫星，可以在更小尺度上测量宇宙微波背景。他们在 2013 年 3 月 21 日发布了宇宙微波背景辐射全天图。

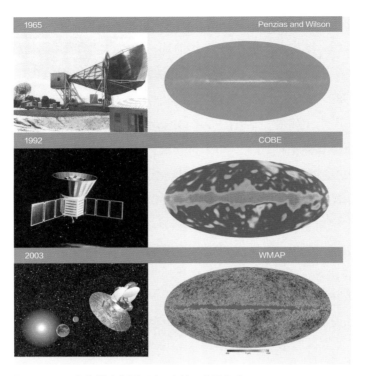

图4.13-2　宇宙微波背景探测研究的三个里程碑

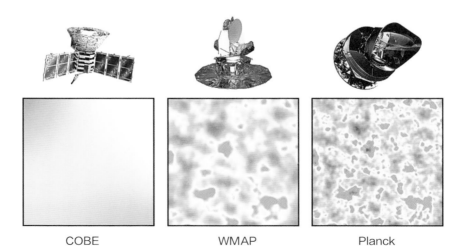

图4.13-3　三种探测器分辨率比较

14 引力辐射与引力波探测

大家知道，任何物质都有引力，形成引力场，质量越大，引力场越强。万有引力的本质是什么？牛顿认为，引力是一种即时的超距作用。爱因斯坦和其他科学家都为超距作用所困扰，因为它意味着信息可以传播得比光速还快。爱因斯坦决心重新审查万有引力理论包含在广义相对论之中。他在1916年预言，加速运动的质量（即引力场）会产生引力辐射或引力振荡，也就是会向外发射引力波。20世纪中叶以来，逐渐兴起"引力波天文学"，基于广义相对论引力辐射理论，探索各类相对论性天体系统的引力波。由于万有引力作用强度比电磁作用微弱得多，直接检测到引力波困难重重。但是，引力波已经得到脉冲双星观测资料的间接证明，天文学家们认识到引力波的探索有着重大意义和美妙前景。当前，引力波的探测技术研究已经取得重大进展，2016年2月11日，美国科学家宣布第一次直接探测到引力波的存在。

广义相对论研究表明，引力波有三类重要波源：（1）周期性连续源，白矮星、中子星或黑洞等致密星体组成的双星，特点是连续谱、频率较低、源较稳定；（2）爆发源，超新星爆发、天体引力坍缩、黑洞俘获物质及合并等，特点是随机性；（3）随机背景辐射，庞杂天体的、黑体形成前的引力辐射，尤其是宇宙最早暴涨期的原初引力波，频率甚低。

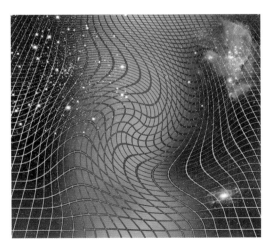

图4.14-1　宇宙时空引力波示意

类似于石块击出的水面波，引力波的主要性质包括：它是横波，

赫尔斯

泰勒

图4.14-2 1993年诺贝尔物理学奖获得者

在远源处为平面波，有两个独立的偏振态，携带能量，在真空中以光速传播，频率低（万赫兹以下）等。引力波携带能量，应当可以探测到，只是由于引力波是强度很弱的时空涟漪，而且物质对引力波的吸收效率极低，直接探测引力波极为困难。

1974年，赫尔斯和泰勒观测到射电脉冲星PSR 1913+16，脉动周期为59毫秒，即每秒自转17次。进一步观测发现，其脉动周期有系统的变化，周期为7.75小时，推断它有伴星环绕。这样，它们成为第一颗被发现的脉冲双星，它们距地球2.1万光年。分析大量观测资料表明，脉冲星的质量和半径分别为$1.44M_\odot$和$1.4\times10^{-5}R_\odot$，伴星是质量为$1.378M_\odot$的中子星。它们相互绕转轨道的半长径为1 950万千米，最近距离约$1.1R_\odot$，最远距离约$4.8R_\odot$；轨道周期在缩短，轨道半长径在减小，显然是两星因损失轨道能量而螺旋式靠近，约3亿年后它们会合并。其轨道能量的损失恰是所预言的引力波辐射，因而成为第一个间接验证。为此，赫尔斯和泰勒获得了1993年诺贝尔物理学奖。

2003年，科学家发现双脉冲星PSR J0737-3039。第一次观测显示A星是自转周期为23毫秒的脉冲星，之后的观测侦测到B星是自转周期为2.8秒的脉冲星，这是第一个已知的双脉冲星系统。A星和B星的质量分别为$1.337M_\odot$和$1.250M_\odot$，两星的绕转轨道周期为2.4小时。2005年宣布，该系统的观测结果与广义相对论完美符合。因为引力波造成的能量损失，两颗脉冲星的共同轨道每日收缩7厘米，预测它们将在8 500万年后合并。

此外，已发现一颗成员是脉冲星的双星系统的著名例子还包括：脉冲星—白矮星系统，如 PSR B1620-26；

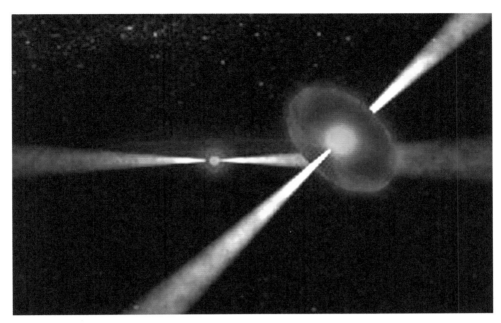

图4.14-3 双脉冲星PSR J0737-3039

图4.14-4 正处于旋近态的双白矮星RX J0806.3+1527，它们之间的现距离约八万千米，其后是它们发生合并的想象图；钱德拉X射线天文台已提供间接证据支持它们可能是已知最明亮的引力波源之一，更直接的证实需要借助像LISA这样的引力波空间探测器的观测

脉冲星—中子星系统，如 PSR B1913+16；脉冲星—主序星系统，如 PSR J0045-7319。脉冲星—黑洞组成的双星系统是可能存在的，但尚未发现这样的系统。因为两者都有相当强的引力波，这样的系统将是爱因斯坦广义相对论的完美情形。

引力波的探测具有重要意义，不仅在于它可以直接验证广义相对论，更在于它能够提供一个观测宇宙的新途径，就像从可见光天文学扩展到全波段天文学那样，它极大地扩展了人类的视野。传统的天文学完全依靠对电磁辐射的探测，而引力波天文学的出现标志着观测手段已经开始超越电磁相互作用的范畴。有了这种新的观测工具，"就像拥有了视觉之后，我们又拥有了听觉"，引力波观测将揭示关于恒星、星系以及宇宙更多前所未知的信息。传统天文学和引力波天文学的结合，无疑会形成天文学研究领域的新基础，即"多信使天文学"，这对天文学产生的影响必将是巨大而深远的。

20世纪80年代以来，世界各国开发了新一代大尺度的激光干涉探测器，主要包括美国的激光干涉引力波天文台（LIGO）、德国和英国合作的GEO 600（臂长600米）、法国和意大利合作的VIRGO（臂长3 000米）、日本的LCGT（臂长3 000米）、澳大利亚的AIGO等。此外，还有计划在太空中运行的激光干涉空间天线（LISA）。它由三对飞船组成，每对飞船至另两对的距离皆为500万千米。它们相互发出红外激光，形成500万千米长的干涉天线，用来探测低频引力波信号。

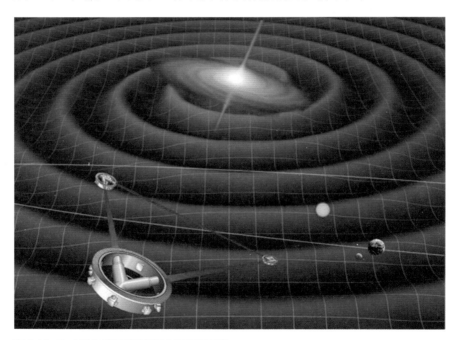

图4.14-5 LISA的三对飞船引力波探测示意

主要参考文献

1. 胡中为.普通天文学[M].南京：南京大学出版社，2003.

2. 胡中为，萧耐园，朱慈盛.天文学教程（上下册）[M].北京：高等教育出版社，2003.

3. 胡中为，徐伟彪.行星科学[M].北京：科学出版社，2008.

4. 胡中为.新编太阳系演化学[M].上海：上海科学技术出版社，2014.

5. 胡中为.美妙天象：日全食[M].上海：上海科学技术出版社，2008.

6. 皮特森.宇宙新视野[M].胡中为，刘炎，译.长沙：湖南科技出版社，2006.

7. 胡中为，严家荣.星空观测指南[M].南京：南京大学出版社，2003.

8. "10000个科学难题"天文学编委会.10000个科学难题：天文学卷[M].北京：科学出版社，2010.

9. 彩图科技百科全书（第一卷）宇宙[M].上海：上海科学技术出版社，上海科技教育出版社，2005.

注：本书还选用了一些其他人研究的成果资料。在此表示诚挚谢意！